山歩きの手帳

山歩きの手帳　目次

1 登山道で出会う植物

◎本書は、「1 登山道で出会う植物」を大久保栄治が監修し、真木隆が執筆しました。
「2 登山道で出会う生き物」は真木隆が執筆、「3 山の地形」「4 山のことば・山の道具」「5 山の連絡帳」は豊田和弘が執筆しました。

ブックデザイン・DTP　長谷川理（PHONETAGE GUILD DESIGN）
川端俊弘（WOOD HOUSE DESIGN）

1

登山道で出会う植物

白馬岳とコバイケイソウ、ハクサンフウロ(小蓮華岳・7月)

植物のかたちと用語

葉の各部名称

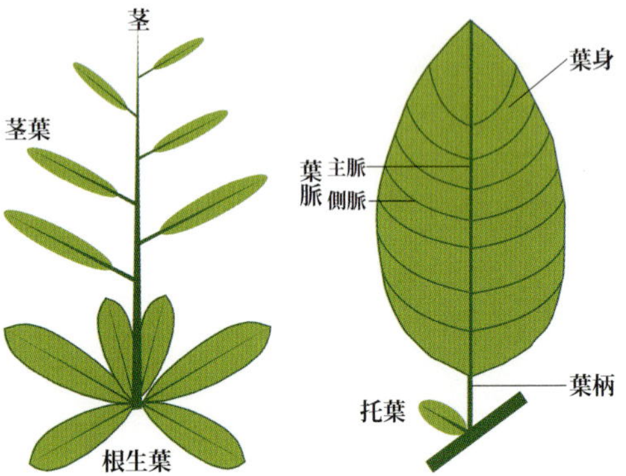

主な葉のかたち

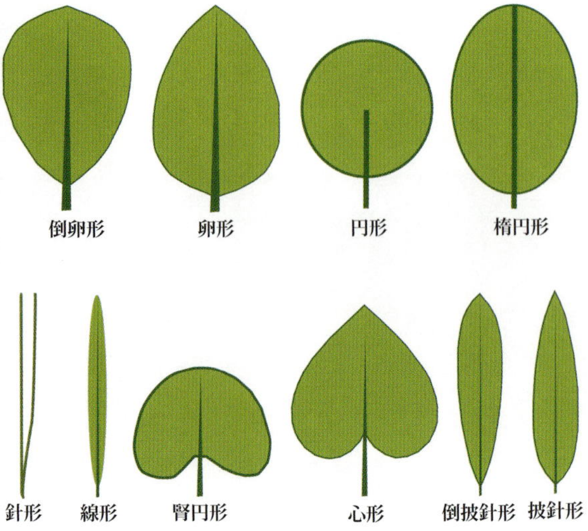

葉のつき方

輪生

互生

対生

葉鞘

茎に流れる

茎を抱く

複葉の種類

たくさんの葉に見えるが、実際は１枚の葉。この何枚もの小葉からできている葉が複葉で、小葉の出方（回）や数（出）で２回３出複葉などという。

3出複葉

2回3出複葉

掌状複葉
（手のひら状）

偶数羽状複葉

奇数羽状複葉

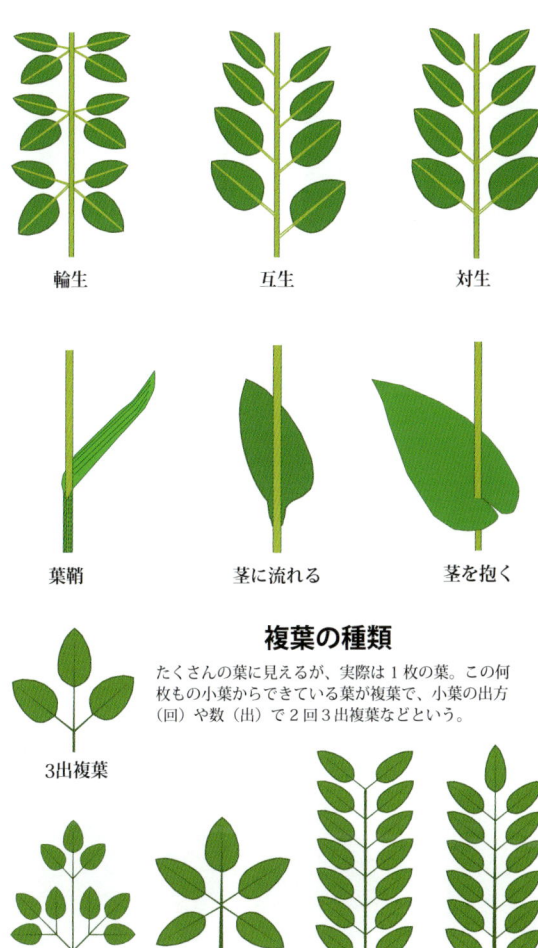

葉の縁の形状

鋸歯＝ギザギザ

葉の縁の裂け方

葉のつけ根（基部）の形状

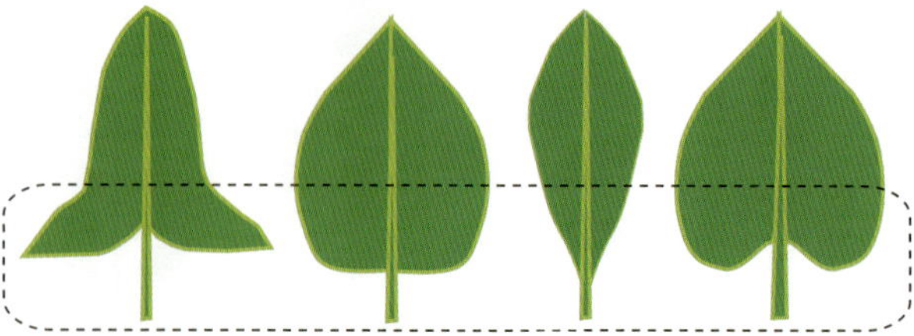

花のしくみ

キク科

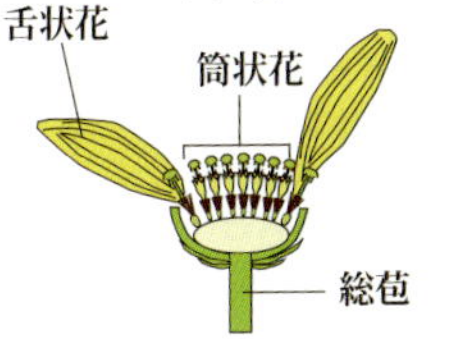

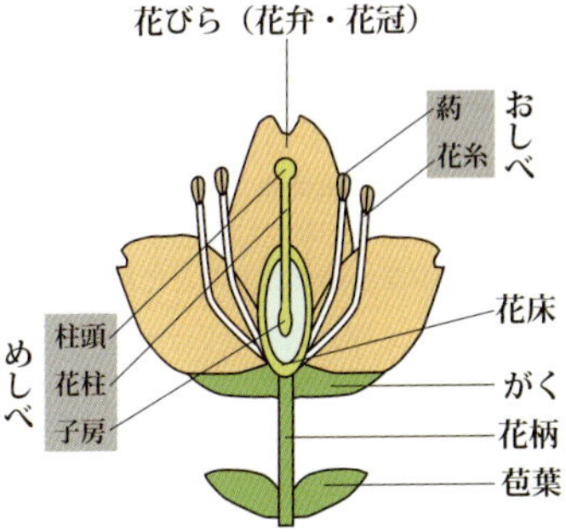

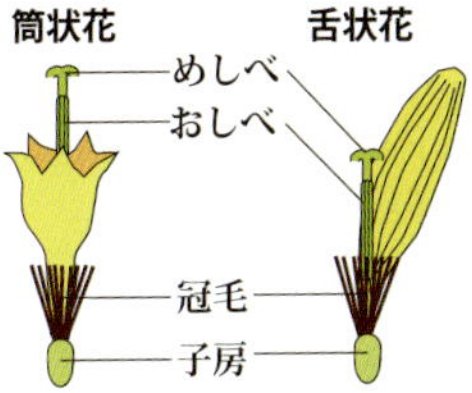

花のつき方（花序）

穂状花序

複散房花序

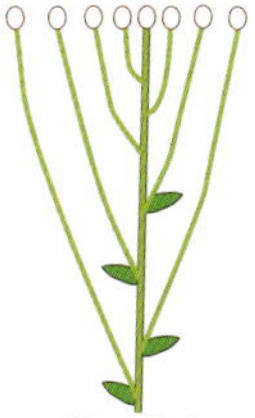

散房花序

総状花序

円錐花序

複散形花序

散形花序

本書の用語

高山帯　中部、関東地方などで標高2500m を超える森林限界を超えた垂直分布域。ハイマツなどの低木や草が分布の主体となる。

亜高山帯　中部、関東地方などで標高1700〜1800m 以上の地域にあたり、シラビソ（シラベ）、オオシラビソなどの常緑針葉樹の高木が生える。

山地帯　中部、関東地方などで標高 1000m 以上の地域。ブナなどの落葉広葉樹の高木が林をつくる。1000m 未満の低山も含む。

丘陵帯　中部、関東地方などで標高 1000m 以下の地域。

一年草　春に種から芽吹いて成長し、夏〜秋に開花・結実して冬には種を残して枯れてしまう草本。

二年草　春に芽を出して成長して越冬、翌年、開花・結実して冬には種を残して枯れてしまう草本。越年草は秋に発芽して越冬するもの。

多年草　秋に地上部が枯れても地下茎や根が生き残って越冬、2 年以上にわたって生きる草本。地上部が枯れずに残る常緑種もある。

液果（えきか）　水分をたくさん含んだ果実。

花冠（かかん）　花びら（花弁）全体をさす植物用語。

がく（萼）　花冠の外側で生殖器（めしべなど）を保護している部分。

花茎（かけい）　花だけつける茎。

花序（かじょ）　花の集団。花の配列の仕方。

花穂（かすい）　小型の花が集まって穂状になった花のこと。

花被（かひ）　花びら（花弁）とがくの総称。花被片は花びらとがくが区別できないときの総称。

花柄（かへい）　茎に直に花がつかず、柄《え》を介してつく場合の柄。

距（きょ）　花弁の一部が長く突き出して袋状の突起になったもの。

鋸歯（きょし）　葉の縁がギザギザになったもの。ないものは全縁。

互生（ごせい）　葉などが互い違いに茎についた様子。

雌雄異株（しゆういしゅ）　雌花しか咲かせない株と雄花しか咲かせない株それぞれに分かれている木のこと。

雌雄同株（しゆうどうしゅ）　雄花と雌花両方が咲く株。

舌状花（ぜつじょうか）　花弁の一部がくっつき、舌状になった花。

総苞（そうほう）　たくさん集まってつく花を下で包んでいる部分。

対生（たいせい）　葉などが 1 つの節から 2 枚向かい合って出る様子。

頭花（とうか）　たくさんの花が集まって 1 つの花に見える花。

皮目（ひもく）　樹皮にある植物体内外の通気を行う器官。

むかご　葉のつけ根にできる新しい株を作る無性生殖器官。

葉柄（ようへい）　葉の柄の部分。もたないものも多い。

両性花　1 つの花におしべとめしべがある花。

＊花の部分名などの解説は前頁の図参照

ツルアジサイ

山地帯の大木や岩壁などに、気根を使ってからみつき、枝を伸ばすつる性の落葉樹。対生する卵形の葉の先端は尖り、縁にはギザギザがある。

梅雨期に小さな花を中心部につけ、その周囲にまばらに装飾花（がく片）をつける。装飾花の色は白色でがく片は３〜４枚。

イワガラミに似ているが、イワガラミの装飾花は１枚だけなので、すぐに見分けられる。

●アジサイ科アジサイ属●北海道・本州・四国・九州の山地／富士山・日本アルプス各地・八ヶ岳・丹沢・箱根・奥多摩・高尾山・谷川連峰・尾瀬など●15〜20m(長さ)●6〜7月

ウツギ

北海道から九州までの平地から山地まで広く分布する落葉低木。樹高は２m前後に成長する。

「空木」という和名にあるように茎は中空で、樹皮が縦に割れる性質をもつ。10cm前後の卵形または広披針形の葉が対生。薄い肉質の葉の先端は尖っていて、縁にはギザギザがある。

５月末頃から花芽を出して、５弁の白く小さい花を咲かせる。

●アジサイ科ウツギ属●北海道・本州・四国・九州の山地や丘陵地／八ヶ岳・丹沢・箱根・奥多摩・高尾山・奥武蔵・谷川連峰など●1.5〜2m●5〜7月

イチヤクソウ

丘陵帯の林内に生える多年草。地下茎の先に、楕円形の葉をまとまって出す。

6～7月、葉の間から花茎を伸ばし、総状に花芽をつける。白い花は下向きに咲き、花弁は深く5裂するのが特徴。

和名の「一薬草」は薬（利尿薬）として利用されるためにつけられた名。山地に生え、淡紅色の花をつけるのは、ベニバナイチヤクソウだ。

イチヤクソウ科イチヤクソウ属 北海道・本州・四国・九州の山地や丘陵地／八ヶ岳・丹沢・箱根・奥多摩・高尾山・奥武蔵など 15～20cm 6～7月

チゴユリ

薄日が差すような山地の落葉樹林内に生える多年草。草丈は30cmほどで、長さ5cm前後の楕円形の葉が互生。葉は縦に葉脈が走り、先は細く尖っている。

木々の芽吹きが始まる頃、茎先に白い1cmほどの花を咲かせる。花は黒い液果となって結実。同属で姿や大きさ、生育場所も似ているホウチャクソウとともに、有毒植物の一種。

イヌサフラン科チゴユリ属 北海道・本州・四国・九州の山地／富士山・南アルプス・中央アルプス・八ヶ岳・丹沢・箱根・奥多摩・高尾山・奥武蔵・谷川連峰・尾瀬など 15～30cm 4～5月

ミヤマカタバミ
（カントウミヤマカタバミ）

本州～九州の山地の林内に生える、カタバミ科の多年草。他のカタバミ属同様に、茎の基部から伸ばした長い柄の先に、ハート（倒心）形の3枚の小葉を出し、かどはとがり、毛が密に生える。地下茎には古い葉柄の基部が残る。さらに葉柄より長く伸ばした花柄の先には、白い花を1輪つける。5枚ある花弁には、淡い紫色の筋が入る。よく似たコミヤマカタバミは、小葉は丸みを帯び、花は小型だ。根茎は細長く伸びる。

●カタバミ科カタバミ属●本州・四国・九州の山地／箱根・奥武蔵など●10～20cm●3～4月

ヤマハハコ

山地帯の明るい斜面や林道わきなどに生えるキク科の多年草。草丈50cmを超え、茎には狭い披針形の葉が互生。葉の表面には縦に走る葉脈があり、裏面と茎には綿毛が生えて白っぽく見える。

夏の終わり頃、茎の先端に頭花をつける。ドライフラワーのように見えるのは、花全体を包む総苞片だ。よく似たカワラハハコは川原に多く生息する。

●キク科ヤマハハコ属●北海道・中部地方以北の本州の山地／富士山・日本アルプス各地・八ヶ岳・丹沢・箱根・奥多摩・高尾山・谷川連峰など●40～70cm●8～9月

アズマイチゲ

　湿った林内や林縁、沢沿いに生えるキンポウゲ科の一種。春先に開花、落葉樹の葉が繁ると地上部が枯れ、翌年まで休眠状態に入るスプリングエフェメラルの仲間。

　先端が裂けた茎葉は3出複葉で、3枚が輪生。春先に茎の先端に2〜3cmほどの花を1輪つける。キクのような形をした白い花弁に見えるのはがく片で、10枚前後ある。花弁はない。

●キンポウゲ科イチリンソウ属●北海道・本州・四国・九州の山地／富士山・北アルプス・八ヶ岳・丹沢・箱根・奥多摩・高尾山・奥武蔵・谷川連峰など●10〜20cm●3〜5月

ニリンソウ

　山地の落葉樹林内や林縁、沢沿いなどに生える多年草。3枚輪生する茎葉はそれぞれ深く裂け、裂片はさらに裂けているので細かく見える。

　樹木が芽吹く前に花茎を2本立て、それぞれに白いがく片をもった花をつけるが、花弁はない。この2輪の花が名前の由来。樹木が芽吹いた頃、地上部は枯れて休眠状態に入るスプリングエフェメラルの一種だ。

●キンポウゲ科イチリンソウ属●北海道・本州・四国・九州の山地／富士山・日本アルプス各地・八ヶ岳・丹沢・奥多摩・高尾山・奥武蔵など●10〜20cm●4〜5月

オオカメノキ

アジサイに似た白い花をつけるスイカズラ科の低木。場所によっては、「ムシカリ」の名の方が通じる場合もある。

4m 近くになる枝は褐色で、円形に近い葉は幅がある。しわのような葉脈が目立つのも特徴だ。

初夏、両生花の周りに5枚の裂片をもった装飾花がつく。春の花が終わった林縁では白い花はひときわ目立つ存在だ。秋に赤い実が結実する。

●スイカズラ科ガマズミ属●北海道・本州・四国・九州の山地／富士山・日本アルプス各地・八ヶ岳・丹沢・谷川連峰など●2〜4m●5〜6月

ガマズミ

山地の林縁や明るい林に生えるスイカズラ科の落葉低木。よく分岐する枝には、卵形で 10cm ほどになる葉が対生。類似種にミヤマガマズミがあるが、葉脈がはっきりしている。

入梅の時期に、新しい枝の先から花芽を出して白い花をたくさん咲かせる。花が終わると、結実し、その後果実は赤く熟す。果実は甘く、果実酒などに利用される。

●スイカズラ科ガマズミ属●北海道・本州・四国・九州の山地／富士山・八ヶ岳・丹沢・箱根・奥多摩・高尾山・奥武蔵など●3〜4m●5〜6月

シシウド

本州〜九州の山地に自生するセリ科の仲間。日当たりのよい夏の草原でよく見かける。

小葉は長楕円形。枝分かれした茎先に、白く小さな花が集まり大型の花のかたまり（花序）をつける。茎が白っぽく見えるくらい全体に毛が多い。

イノシシが根を好むことからこの名がある。根を干してむくみ薬などに利用。

●セリ科シシウド属●本州・四国・九州の山地／富士山・日本アルプス各地・八ヶ岳・丹沢・箱根・奥多摩・高尾山・奥武蔵・谷川連峰など●1〜2m ●8〜10月

シャク

湿り気のある草地や林縁に生える多年草。ヤマニンジン、ワイルドチャービルと呼ばれるように、セリ科ハーブとよく似た姿・形だ。長く伸ばした茎の先が分岐し、1mを超える大きさに。2回3出複葉の葉は、ニンジンの葉のように細かい小葉をもつ。

初夏、茎先に白く小さな花が集まった花のかたまり（花序）をつける。花は5花弁。葉は山菜として利用されている。

●セリ科シャク属●北海道・本州・四国・九州の山地／日本アルプス各地・奥多摩・谷川連峰など●60〜150cm ●5〜6月

ヒトリシズカ

山地の林内や林縁に生えるセンリョウ科の多年草。名前の通り、静御前《しずかごぜん》の美しい舞いの姿を連想させる。比較的薄日が差すような林床で多く見られる。

地面から数本直立して生える茎に卵形の葉が4枚輪生状に対生する。葉脈がはっきりしていて、つやがある。縁はギザギザ。

茎先に花芽を出して白い花を咲かせる。ブラシ状の形が特徴的だ。

●センリョウ科チャラン属●北海道・本州・四国・九州の山地／富士山・日本アルプス各地・八ヶ岳・丹沢・箱根・奥多摩・高尾山・奥武蔵・谷川連峰など●10〜30cm ●4〜5月

ギンリョウソウ

山地の枯れ葉が堆積してできた腐葉土に生育する腐生植物。ユウレイタケとも呼ばれるように、暗い林内で見せる白い姿は印象的だ。

春から夏にかけて鱗状の葉に包まれた花茎を伸ばし、1輪花をつける。葉、花茎、花いずれも透けて見えるような白色をしているのが特徴。

和名は竜にたとえているが、可憐な姿が森の妖精のようにも見える。

●イチヤクソウ科ギンリョウソウ属●北海道・本州・四国・九州の山地／富士山・日本アルプス各地・八ヶ岳・丹沢・箱根・奥多摩・高尾山・奥武蔵・谷川連峰など●10〜20cm ●4〜8月

ノイバラ

　低山の林縁や草地、野原などの日当たりのよい場所を好んで枝を伸ばすバラ科の仲間。野バラを代表する樹種だ。

　鋭いトゲのある枝をよく分けて成長し、葉は羽状で互生。楕円形の小葉はつやがなく、縁にはギザギザがある。

　初夏、枝先に５枚の花弁をもった花が開き、秋に赤く結実する。この実はハーブのローズヒップとして利用される。

●バラ科バラ属●北海道・本州・四国・九州の山地や丘陵地／富士山・日本アルプス各地・八ヶ岳・丹沢・箱根・奥多摩・高尾山・谷川連峰など●2m●5〜6月

モミジイチゴ

　中部以北の低山の林縁や日の当たる斜面に生えるキイチゴの仲間。ラズベリー風味の実をつける代表的な野生種で、キイチゴとは本種をさす。

　トゲのある枝に手のひらのように裂けた広卵形の葉を互生。形がモミジの葉に似ているため、モミジイチゴの名がある。

　春、枝先に白い５弁花が下向きに咲く。花が終わると橙色の実が結実。実は甘く、食用となる。

●バラ科キイチゴ属●中部地方以北の本州の山地や丘陵地／日本アルプス各地・八ヶ岳・奥多摩・高尾山・谷川連峰など●2m●4〜5月

ヤマシャクヤク

山地の落葉樹林内に生えるボタン属の多年草。

小葉は楕円形で、2回3出複葉である。

初夏、茎先に白色の花径5cmほどの花を1つつける。シャクヤクの花と似た花は、白い花弁が5枚ほど。黄色いめしべの周りを、花糸が紫色のおしべが取り囲んでいる。

●ボタン科ボタン属●北海道・本州・四国・九州の山地／富士山・日本アルプス各地・八ヶ岳・丹沢・箱根・奥多摩・高尾山など●30〜40cm●4〜6月

ヤマボウシ

本州から九州までの山地に自生する落葉高木。街路樹として知られるハナミズキ（アメリカヤマボウシ）とよく似た花を咲かせる。

花披は灰褐色、葉は楕円形。縁は波打っている。

梅雨の頃、黄緑色で球状の花が集まった花序を出す。その周囲につく4枚の白い花弁に見えるのは花序を抱く総苞片だ。

●ミズキ科ミズキ属●本州・四国・九州の山地／富士山・日本アルプス各地・八ヶ岳・丹沢・箱根・奥多摩・高尾山など●5〜10m●6〜7月

サンカヨウ

山地の湿った林縁や沢沿いなどに生えるメギ科の多年草。山のまだ色の少ない時期に、爽やかな緑色の葉と白い花が訪れた者を和ませてくれる。

直立した40〜60cmほどの茎は上部で二股に分かれ、腎円形の大小の葉をつける。

初夏、小さい葉の上部に伸ばした柄の先に、2cmほどの白い花が数個集まって開花。秋には液果が青く結実する。

●メギ科サンカヨウ属●北海道・中部以北の本州の山地／日本アルプス各地・八ヶ岳・谷川連峰・尾瀬など●40〜60cm●5〜7月

コブシ

山野に生えるモクレン属の落葉高木。春先に多くの花をつけることから街路樹として各地に植栽されている。

濃い灰褐色で、すべすべした幹をもち、幅のある倒卵形の葉を互生。

春、葉の芽吹きよりも早く白い花を咲かせる。花弁は6枚。花の基部が赤みがかり、その下に葉が1枚つく。街路樹に、よく似たハクモクレンがあるが花被片は9枚。

●モクレン科モクレン属●北海道・本州・四国・九州の山地や丘陵地／富士山・日本アルプス各地・八ヶ岳・丹沢・箱根・奥多摩・高尾山・奥武蔵・谷川連峰など●5〜20m●3〜5月

ヤマユリ

1mを超える草丈になるユリ科の球根植物。山地の明るい斜面や林縁に生育する。

直立する茎に披針形の葉が互生。初夏から盛夏にかけ、径が20cmを超える大輪の花を開く。花被片（花びら・がくが区別できないときの総称）は6枚、先端がそり返る。花被片中央には黄線が走り、褐色の斑点が点在。鱗茎（球根）は和食の食材として使われている。

●ユリ科ユリ属●北海道・近畿地方以北の本州・四国の山地／富士山・八ヶ岳・丹沢・箱根・奥多摩・高尾山・奥武蔵・谷川連峰・尾瀬など●1～2m●6～8月

イブキトラノオ

低山帯～亜高山帯の明るい草地に生えるタデ科の一種。ムカゴトラノオ同様、花穂を立てた姿が虎の尾に似ていて、岐阜・滋賀県境にそびえる伊吹山で確認されたためこの名がある。

根元から伸びる葉（根生葉）は楕円形で20cmほど。茎につく披針形の茎葉は茎を抱き、互生する。50cm前後の直立した茎先に、5cmほどの白か淡紅色の花穂を立てる。

●タデ科イブキトラノオ属●北海道・本州・四国・九州の低山帯～高山帯／伊吹山・日本アルプス各地・八ヶ岳・谷川連峰・尾瀬など●50～100cm●7～8月

バイカモ

湧水池や湧水が流れ込む渓流などに自生する水生植物。透明度が高い冷水にしか育たないため、本州では山間部とその周辺でしか見られない。

互生する茎葉が何回も細かく裂けているため、細い糸が房状に集まっているように見える。

6〜8月に葉のわきから花茎を伸ばし、先端に5弁のウメの花に似た花を1輪つける。これが和名の由来で花色は白色。

●キンポウゲ科キンポウゲ属●北海道・本州の山地帯／富士山麓・北アルプス・奥日光・尾瀬など●100〜200cm●6〜8月

ヒツジグサ

丘陵帯から亜高山帯の池沼や高層湿原に自生するスイレン科の水生植物で多年草。地上茎の基部から出た葉（根生葉）は広楕円形をしていて、水面に浮かばせる。葉にはつやがあり、縁にはギザギザがない全縁。水中葉も出す。夏から秋にかけて園芸種のスイレンを小さくしたような5cmほどの花をつける。花弁は10枚前後で、白色だ。和名は未《ひつじ》の刻に咲くことから。

●スイレン科スイレン属●北海道・本州・四国・九州の山地／志賀高原・尾瀬・蔵王など●30〜50cm●6〜9月

イワウメ

岩場を好み、ウメの花に似た花が咲く常緑小低木。中部地方以北の高山で見られ、強い風に耐えるように岩場に張りついて生育する。

地面にはりついている葉には、小さな倒卵形の葉が密につく。葉は厚みがあり、つやをもつのが特徴。夏になるとこの枝先に乳白色の花をつけ、花は5つに裂けているため、5枚の花びらがあるように見える。

●イワウメ科イワウメ属●北海道・中部地方以北の本州の高山帯／日本アルプス各地・八ヶ岳・白山など●3～5cm●6～8月

コウメバチソウ

高山の湿った草地や砂や小石の多い地に生える。山地帯から亜高山帯に生育するウメバチソウによく似る。

草丈は5～15cmほどと小さく、8月頃からウメの花によく似た5枚の花びらをもつ白い花をつける。

ウメバチソウとの違いは、仮ゆうずい（おしべ）の分かれ方で分類している。

●ユキノシタ科ウメバチソウ属●北海道・中部地方以北の本州の高山帯／日本アルプス各地・八ヶ岳・谷川連峰など●5～15cm●8～9月

コミヤマカタバミ

亜高山帯の針葉樹林内に生えるカタバミ科の植物。名前の由来は、山地に生えるよく似たミヤマカタバミよりも、小型の花をつけることから。

茎の根元から伸びた長い柄の先にハート形の3枚の小葉をつけ、白色の花を一輪つける。かどはミヤマカタバミより丸みがある。5枚ある花びらには紫色の筋が入っている。

●カタバミ科カタバミ属●北海道・本州・四国・九州の亜高山帯／日本アルプス各地・八ヶ岳・谷川連峰・尾瀬など●5〜15cm ●5〜7月

ミネウスユキソウ

本州から九州までの山地に生えるウスユキソウの高山適応タイプ。石の多い荒れ地や草地に生えるキク科の多年草だ。

ウスユキソウと比べると、全体的に小型。披針形の葉は、茎の下につくものは裏側に、上のものは両側に綿毛が密に生える。

花を包む葉（苞葉）が葉よりも小さく、薄く雪が積もったように見えるためこの名がある。

●キク科ウスユキソウ属●本州中部の高山帯／日本アルプス各地・八ヶ岳・谷川連峰など●5〜20cm ●7〜8月

タカネヤハズハハコ

高山帯の小石や岩の多いところに生える。ウスユキソウの仲間と似ているため、タカネウスユキソウとも呼ばれるが、属するグループは異なる。

花だけつける茎（花茎）の葉は茎を抱くようにつき、互生。先端には、ドライフラワーのような小さい花のかたまり（花序）をいただく。色は白色から淡紅色まで変化に富んでいて、花が開くと白く変わるものもある。

●キク科ヤマハハコ属●北海道・中部地方以北の本州の高山帯／北アルプス・南アルプス・早池峰山など●10～15cm ●7～8月

ミヤマオトコヨモギ

亜高山帯～高山帯の砂や小石の多い地に生育するヨモギの仲間。根元に集まって生える根生葉はロゼット状（平たく放射状に生える様子）で、へら形の葉の縁にはギザギザがある。

夏に葉のわきから柄を伸ばして、大きさ1cmほどの頭花を下向きにつける。

富士山の登山道沿いでよく目につく。

●キク科ヨモギ属●本州中部の高山帯／富士山・日本アルプス各地・八ヶ岳など●10～30cm ●7～8月

ミツバオウレン

亜高山帯の針葉樹林内や湿った林縁に生える多年草。茎の根元につく葉（根生葉）は３出複葉で小葉は倒卵形。縁には細かなギザギザがある。

夏、10cmほどに伸ばした茎（花茎）の先に小さな花が１輪開く。白く、５枚の花びらに見えるのはがくで、その内側に並ぶ黄色い裂片が花びら（花弁）だ。和名は三つ葉の黄蓮（胃腸に効く薬草）からきている。

●キンポウゲ科オウレン属●北海道・中部以北の山地～高山帯／日本アルプス各地・八ヶ岳・谷川連峰・那須岳・尾瀬・蔵王など●5～10cm●7～8月

ハクサンイチゲ

可憐な高山植物の代表種。中部以北の高山の湿った草地や雪原周辺などに生え、群生する。

長い柄の先には、深い切れ込みが入った小葉を出す。夏には根元から出る葉（根生葉）のわきから花茎を伸ばし、先端に白い花を１輪つける。花は2cmほどで、花びらに見えるのはがく片だ。

東北以北に生えるハクサンイチゲは、変種のエゾノハクサンイチゲ。

●キンポウゲ科イチリンソウ属●北海道・中部地方以北の本州の高山帯／日本アルプス各地・白山・八ヶ岳・谷川連峰・那須岳・尾瀬など●10～30cm●7～8月

キタダケソウ

富士山に次ぐ標高を誇る南アルプスの北岳（標高 3193m）に自生する固有種。ハクサンイチゲと同じキンポウゲ科の仲間で、稜線や斜面の石灰岩の小石の多い地に生える。根元から出る葉（根生葉）は３回３出複葉で、長く伸ばした 10cm 超の茎（花茎）の先に、2cm ほどの白い花を開く。

初夏に花が咲くため、登山トップシーズンの夏に見るのは難しい。

●キンポウゲ科キタダケソウ属●北岳の固有種●10～20cm●6～7月

サラシナショウマ

主に山地帯の林内や林縁に生える。キンポウゲ科サラシナショウマ属。名前は新芽をゆでて水にさらし、アクを抜いて食用にした菜…からつけられたもの。

葉は２～３回の３出複葉で、小葉は先の尖った卵形。縁はギザギザ。

夏の終わりから秋口にかけ、50cm を超える長い茎の先に穂状の花芽を出し、下から順に白い花を間隔を空けずに開く。

●キンポウゲ科サラシナショウマ属●北海道・本州・四国・九州の山地～亜高山／富士山・日本アルプス各地・八ヶ岳・奥多摩・谷川連峰・那須岳・尾瀬など●50～120cm●8～9月

ツマトリソウ

　亜高山帯～高山帯の針葉樹林内や林縁に生えるサクラソウ科の一種。葉は先の尖った披針形で、直立した茎の上部に集まるようにつく。

　夏、葉のわきから茎（花茎）を伸ばし、2cm ほどの白い花を 1 輪つける。7 枚の花びらがあるように見えるのは、花びら（花冠）が深く裂けているため。花びらの先端が赤くつま取られ、これが和名の由来となった。

●サクラソウ科ツマトリソウ属●北海道・中部地方以北の本州の亜高山～高山帯／富士山・日本アルプス各地・八ヶ岳・奥多摩・谷川連峰・那須岳・尾瀬など●5～20cm ●6～7月

シラネニンジン

　高山帯の草原や石の多い荒れ地に生えるセリ科の仲間。2 ～ 3 回羽状複葉の葉をもち、小葉はさらに裂けて細かい。

　長く伸ばした茎は先で枝分かれし、夏の終わりから先端に花芽を出して白く小さな花をたくさん開く。花が終わると、卵形の果実を結実。

　和名の「白根人参」は日光白根山で確認され、葉がニンジンの葉に似ていることから。

●セリ科シラネニンジン属●北海道・中部地方以北の本州の高山帯／日本アルプス各地・八ヶ岳・谷川連峰・奥日光・那須岳・尾瀬など●10～30cm ●7～9月

●分類 ●分布
●高さ ●開花時期

ミヤマシシウド

本州では夏の草原でよく見かけるシシウドによく似る。ミヤマシシウドは、山地帯の上部から亜高山帯に多く生育し、小葉が大きく全体に毛が少ない。

小さな白い花がたくさん集まって、大きな花序をつくる。

その姿は花火のようである。

●セリ科シシウド属●東北〜中部の亜高山〜高山帯／日本アルプス各地・八ヶ岳・奥多摩・谷川連峰・那須岳・尾瀬など●50〜200cm●7〜8月

ムカゴトラノオ

亜高山帯〜高山帯の明るい草地に生えるタデ科の仲間。根元から出る葉（根生葉）は柄のある線形。茎に披針形の葉が互生する。

夏に茎の先に穂状の花序が直立し、8〜20cmほどの花穂となる。白色〜淡紅色の花に見えるのは5枚のがくで、花弁はない。この花のうち、下部のものがムカゴ（珠芽）となり、落ちて発芽・繁殖する。

●タデ科イブキトラノオ属●北海道・中部地方以北の本州の高山帯／日本アルプス各地・八ヶ岳・那須岳など●5〜30cm●7〜8月

オンタデ

高山帯の石の多い荒れ地や火山灰堆積地など、荒れた地質の土壌に適応するタデ科の植物。

50cm以上に伸びる茎には先端が尖った卵形の葉がつき、はじめ両面にあった綿毛は成長とともに消え、葉の裏は緑色になる。これがよく似たウラジロタデとの違い。

7〜8月、茎先に円錐状の花穂が伸び、淡黄色の花をたくさんつける。イワタデともいう。

●タデ科オンタデ属●北海道・中部地方以北の本州の高山帯／富士山・日本アルプス各地・八ヶ岳・谷川連峰・尾瀬など●30〜100cm●7〜8月

アカモノ

イワハゼとも呼ばれ、日当たりのよい登山道わきなどで見られる常緑低木。広卵形の葉はつやがあり、互生。初夏、枝先に赤みを帯びた白い可憐な花をつける。

がくは赤く、表面に毛が密に生えている。白色で卵形をした花びらは先端が5つに裂け、そり返ると釣鐘形に。つやのある赤色の小さな果実はがくが肥大して果肉となったもので、食用となる。

●ツツジ科シラタマノキ属●北海道・本州・四国の山地〜高山帯／北アルプス・中央アルプス・白山・谷川連峰・尾瀬など●10〜30cm●5〜7月

シラタマノキ

　亜高山帯以上の岩場や針葉樹林の林縁などに生えるツツジ科の仲間。先が枝分かれした茎に、3cmほどの楕円形の葉は互生。葉は縁にギザギザがあり、つやをもつ。
　夏、枝先に釣鐘形の白い花を下向きにつける。花が終わると、アカモノ同様、次第にがくが肥大化して果実を包み込み、白玉状になる。この姿・形から「白玉の木」の和名がある。

【分類】ツツジ科シラタマノキ属【分布】北海道・中部地方以北の本州の亜高山〜高山帯／日本アルプス各地・八ヶ岳・尾瀬など【高さ】10〜30cm【開花時期】7〜8月

ハクサンシャクナゲ

　亜高山帯の針葉樹林内から、高山のハイマツ帯まで生育する常緑低木。楕円形でつやのある葉は長さ10cm前後、裏面にそり返る性質がある。高山のものには樹高50cmに満たないタイプも。
　夏に枝先に咲く花は白色か淡紅色。漏斗型の花びらは5つに裂け、内側に黄緑色の斑点があるのが特徴。この花が5〜20輪集まってつく姿は山でよく目立つ。

【分類】ツツジ科ツツジ属【分布】北海道・中部地方以北の本州・四国の亜高山〜高山帯／富士山・日本アルプス各地・八ヶ岳・白山・奥秩父・尾瀬など【高さ】30cm〜3m【開花時期】6〜7月

アオノツガザクラ

雪原周辺の草地などに群生する常緑小低木。1cm前後の線形の葉が密生する茎は、地面にはうように枝を伸ばし、その先に4～10個の緑白色の花をつける。壺形をした花びら（花冠）は6mmほどで、先端は5つに分かれ、可憐。

アオノツガザクラの方がツガザクラよりは大きくなる。

●ツツジ科ツガザクラ属●北海道・中部地方以北の本州の高山帯／日本アルプス各地・八ヶ岳など●10～20cm ●7～8月

ツガザクラ

稜線の岩場に生える常緑小低木。下部の枝は地をはい、分かれて樹高は20cmほどになる。

線形の葉は長さ5mm前後、幅2mmほど。夏に枝の先に茎（花茎）を伸ばし、2～5個の淡紅色の花をつける。壺形の花は5mmほどで、先端は5つに分かれている。

アオノツガザクラよりも全体的に小さく、花茎とがく片が紅色をしている点が異なる。

●ツツジ科ツガザクラ属●東北地方南部～中部の本州・四国の高山帯／富士山・日本アルプス各地・八ヶ岳・谷川連峰・尾瀬など●5～20cm ●7～8月

ジムカデ

雪原周辺の岩場や石の多い荒れ地に生える常緑小低木。地面をはうように枝を伸ばし、広披針形の葉を密につける。その姿が地面をはうムカデの姿に似ていることから、この和名がつけられた。

7～8月に枝の先端に柄を伸ばし、深く5つに裂けた紅色のがくと、長さ5mm前後で釣鐘形をした白色の花びらをもつ花をつける。枝先の花は1輪で可憐。

●ツツジ科ジムカデ属●北海道・中部地方以北の本州の高山帯／日本アルプス各地・八ヶ岳など●3～10cm●7～8月

イワヒゲ

主に高山帯の岩場に生える常緑小低木。ジムカデ同様に比較的よく見られる。地面にはうように伸ばす枝の表面は、小さな葉が覆うようについて、全体が1本の針金状となって見える。

7～8月、枝先から柄を伸ばし、白色の花を1輪つける。がく片は黄緑色～淡紅色の卵形。5つに分かれた花びら（花冠）は、先端がそり返って釣鐘形になる。

●ツツジ科イワヒゲ属●北海道・中部地方以北の本州の高山帯／富士山・日本アルプス各地・八ヶ岳・奥日光など●3～10cm●7～8月

エゾシオガマ

高山帯の草地に生えるシオガマギク属の一種。紅色系の花色が多いシオガマギク属の中で、数少ない白系の花をつける。

20～50cmほど伸びた茎には、披針形で縁が二重のギザギザ（重鋸歯）になった葉を互生する。8～9月頃、茎の先端についた葉のわきから花芽を出す。花は黄色がかった白色で、シオガマギク属独特の唇形。下から順に開花する。

●ゴマノハグサ科シオガマギク属●北海道・中部地方以北の本州の高山帯／富士山・日本アルプス各地・八ヶ岳・白山・尾瀬など●20～50cm●8～9月

シロバナノヘビイチゴ

山地帯～高山帯の林縁などに自生するオランダイチゴ属の仲間。根元から長い柄を伸ばし、3枚の小葉をもった葉をつける。

初夏、花茎の先に大きさ2cmほどの白い花を数輪つける。花が終わると、果実が下向きになり、赤く熟すと甘い香りと味わいが楽しめる。

●バラ科オランダイチゴ属●宮城県～中部地方以北の本州・屋久島の山地～高山帯／富士山・南アルプス・中央アルプス・八ヶ岳・谷川連峰など●10～15cm●5～7月

●分類 ●分布
●高さ ●開花時期

ノウゴウイチゴ

オランダイチゴ属の多年草。主に中部地方北部から北海道までの、日本海側に自生する。

日当たりのよい林縁などを好み、茎の先にイチゴの仲間ならではの、3枚の小葉を出す。

初夏、茎（花茎）の先に7〜8枚の花びら（花弁）をもった花を2〜3輪つけ、8月には果実が赤く熟す。実は美味。和名は福井・岐阜県境の能郷白山で発見されたため。

●バラ科オランダイチゴ属●北海道・本州北部・大山の日本海側の亜高山〜高山帯／北アルプス・白山・頸城山地・谷川連峰など●5〜10cm●6〜7月

タカネナナカマド

中部地方以北の高山に自生するナナカマドの仲間。樹高1〜2mほどで枝先に奇数羽状複葉を出す。小葉は5cmほどの楕円形。縁には切れ込んだギザギザがあり、光沢がある。6〜7月頃、枝先に花芽を出し、小さなクリーム色をした花びらの花が10輪前後開く。

秋になると紅葉し、赤く熟した果実になる。他のナナカマドの仲間よりも、果実は大きめだ。

●バラ科ナナカマド属●北海道・中部地方以北の本州の高山帯／日本アルプス各地・八ヶ岳・谷川連峰・蔵王など●1〜2m●6〜7月

チングルマ

雪原周辺の草地や石の多い荒れ地に生える。草と間違えやすいが、樹高10cm前後の落葉低木。

枝先に広げる葉は奇数羽状複葉。6～8月に10cmほど伸ばした花柄の先に、クリーム色の花を1輪開く。

花が終わると花柱を伸ばし、放射状の果実を結実。風に吹かれ、行く夏を惜しむかのように揺れる姿は風車のようにも見え、哀愁がある。

●バラ科チングルマ属（ダイコンソウ属）●北海道・中部地方以北の本州の高山帯／日本アルプス各地・八ヶ岳・谷川連峰・尾瀬・蔵王など●10cm前後●6～8月

イワオウギ

別名タテヤマオウギともいい、高山の石の多い荒れ地や岩場などに生えるマメ科の多年草。赤みがかった茎に互生する葉は奇数羽状複葉で、小葉は卵形だ。

夏に葉のわきから房状の花芽を出して、クリーム色がかった白色の花を10～30個ほどつける。花の形はマメ科独特の蝶形。花が終わると、さやの中に実が入った果実を結実する。

●マメ科イワオウギ属●北海道・中部地方以北の本州の高山帯／富士山・日本アルプス各地・八ヶ岳・谷川連峰など●20～80cm●7～8月

キバナオウギ

高山帯の石の多い荒れ地や草地に生えるマメ科の高山植物。

グループが異なるイワオウギと似ているが、茎に互生する小葉は先端が丸く、イワオウギは比較的尖っている。

また、夏に咲く花はイワオウギが縦に長い房状なのに対し、キバナオウギは5〜10個がまとまってつき、果実のさやにくびれはない。

マメ科ゲンゲ属 北海道・中部地方以北の本州の高山帯／富士山・北アルプス・南アルプス・八ヶ岳・白山など 20〜60cm 7〜8月

ゴゼンタチバナ

亜高山〜高山帯の針葉樹林内や林縁に生えるミズキ科の多年草。葉は輪生状につき、若いうちは4枚しかない。この葉が6枚になると、花をつける。

白い花の花びらのように見えるのは、総苞片と呼ばれる花全体を包む葉で、花びら（花弁）ではない。花後つける果実は秋に赤く熟す。和名の「御前橘」は、白山の御前峰の名前をとったもの。

ミズキ科ミズキ属 北海道・本州・四国の亜高山〜高山帯／日本アルプス各地・八ヶ岳・奥多摩・谷川連峰など 5〜15cm 6〜7月

クモマグサ

北アルプスの白馬岳と御嶽山で見られる、ユキノシタ科の多年草。主に高山の稜線に見られる岩場や石の多い荒れ地に生えるが、場所は少なく、限定的だ。

倒披針形の葉は浅く3つに裂け、縁に粗い毛が生えているのが特徴。

夏に茎（花茎）の先に1〜4輪の白い花をつける。花びらは5枚あり、そのつけ根が急に細くなっているのが目立つ。

●ユキノシタ科ユキノシタ属●中部地方の高山帯／北アルプス・御嶽山●2〜10cm ●7〜8月

シコタンソウ

高山帯の岩場や石の多い荒れ地に生えるユキノシタ科の多年草。紫色の茎に、葉を放射状に密生させてつける。長さ10mm前後、幅が2mmほどの多肉質の葉は披針形で、縁には硬い毛が生えている。

夏に10mmほどの花茎を出し、その先に花芽をつけ、白色の小さな花をつける。花びらは5枚あって、それぞれ上半分に黄色と赤色の斑点が散在、愛らしい。

●ユキノシタ科ユキノシタ属●北海道・中部地方以北の本州の高山帯／日本アルプス各地・八ヶ岳など●3〜12cm ●7〜8月

●分類 ●分布
●高さ ●開花時期

オゼソウ

北海道北の天塩山地、中部地方の至仏山と谷川岳の3ヶ所の蛇紋岩土壌の草地、という限られた場所に生える希少種の高山植物。

長さが15cmほどの線形の葉を、根元からまとめて出す。7〜8月に茎の先端部に穂状の花芽をつけ、短い花柄の先端に黄色がかった白色の花を多数開く。和名の「尾瀬草」は至仏山で最初に発見されたことから。

●ユリ科オゼソウ属●北海道・中部地方以北の本州の亜高山〜高山帯／至仏山・谷川岳●10〜12cm●7〜8月

キヌガサソウ

ユリ科キヌガサソウ属の、大型になる多年草。山地帯から亜高山帯に至る林内や林縁に自生する。長く伸ばした茎の先に、長さ20cmほどの楕円形の葉をつける。葉は10枚ほどが輪生。

6〜7月に葉の先端に花柄を出して、10枚前後の花びらをもった7cmほどの大きさの花を、1株に1輪つける。優雅な姿の花は、白色から次第に淡い緑色に変わる。

●ユリ科キヌガサソウ属●中部以北の本州の日本海側の山地〜亜高山帯／北アルプス・頸城山地・尾瀬など●30〜80cm●6〜7月

マイヅルソウ

山地帯〜亜高山帯の針葉樹林内や林縁に生えるユリ科マイヅルソウ属の仲間。ブナ林が広がる山域を越えた辺りから現れ、根茎を伸ばして繁殖・群生する姿が、登山道わきでよく見られる。

茎には先が尖ったハート形の葉が2枚。名前通り葉脈の形状はツルが舞う姿に似る。初夏に20個ほどつける白く小さな花は径5mm、花びらは6枚あり、愛らしい。

●ユリ科マイヅルソウ属●北海道・本州・四国・九州の山地〜亜高山帯／富士山・日本アルプス各地・八ヶ岳・奥多摩・谷川連峰・尾瀬など●10〜20cm●5〜7月

オノエラン

山地帯〜高山帯の日が当たる草地や岩場に生えるランの仲間。草丈は15cmほどで、根元に長楕円形の葉が2枚、茎を抱くように鞘となってついている。

花期の7〜8月に、茎の先端に白色の可憐な花をつける。この花の花びらのつけ根にはWの形をした模様があるので、他との比較が可能。和名の「尾上蘭」は山の上に咲くランの意味から。

●ラン科ハクサンチドリ属●中部地方以北の本州と紀伊半島の山地〜高山帯／南アルプス・中央アルプス・八ヶ岳・谷川連峰・尾瀬・蔵王など●10〜15cm●7〜8月

キバナノアツモリソウ

山地帯〜亜高山帯にかけての落葉樹林内や草地に自生するランの仲間。

長さ10〜15cm、幅が5〜10cmの広楕円形の葉が互生。初夏、茎の先端に3cmほどの黄緑色をした花をつける。形が特異で、茶色の斑点をもつ袋状の唇弁がある。

ラン科アツモリソウ属に属すのは、北海道礼文島特産のレブンアツモリソウ、クマガイソウなど。

●ラン科アツモリソウ属●中部地方以北の本州の山地〜亜高山帯／富士山・南アルプス・八ヶ岳など●10〜30cm●6〜7月

タカネリンドウ

シロウマリンドウとも呼ばれるように北アルプスの白馬岳と清水（しょうず）岳に自生する固有種のリンドウの仲間。

直立する茎につく葉は広披針形で、基部が茎を抱く。晩夏に茎の頂部に柄のある白色の花をつける。花びら（花冠）の下側は淡紫色をしていて、ねじれた形はリンドウの仲間ならではのもの。紫色など、場所によって花色に変化がある。

●リンドウ科タカネリンドウ属●白馬岳・清水岳の固有種●10〜20cm●8〜9月

トウヤクリンドウ

高山の砂や小石の多い地や乾いた草地に生え、草丈は20cmを超える。

根元からまとまって生える根生葉は、長めの披針形。それに対し、茎につく茎葉は同じ披針形ながら短く、対生する。

夏の終わり、茎の先端に4cmほどの長さで黄色がかった白色の花を数輪つける。白色系の花色はリンドウの仲間では数が少ない。

●リンドウ科リンドウ属●北海道・中部地方以北の本州の高山帯／日本アルプス各地・八ヶ岳・奥日光・尾瀬など●10〜25cm●8〜9月

ワタスゲ

亜高山帯〜高山帯のミズゴケが生える高層湿原に育つ多年草。日当たりのよい湿原全体に群生することもしばしばだ。

地をはうように伸びた茎は直立し、30cmを超える草丈に成長する。

茎葉は鞘状で、わきから花柄を出して花穂をつける。花穂は球形の綿状で風に揺れる姿が愛らしい。サギスゲは小さな花穂が数個まとまってつくので、見分けられる。

●カヤツリグサ科ワタスゲ属●北海道・中部地方以北の本州の亜高山〜高山帯／日本アルプス各地・八ヶ岳・谷川連峰・尾瀬・蔵王など●30〜50cm●6〜7月

ミズバショウ

中部以北の日本海側の山地〜亜高山帯にある湿原に自生。初夏の尾瀬を代表する花で、まだ雪の残る湿原に開く花の美しさは、歌になったほど。

白い花のように見えるのは花を包む苞で、その形から仏縁苞と呼ばれている。実際の花は中央に立つ黄色い円柱状のもの（花序）で、小さな花の集合体だ。花後、遅れて出た葉は、芭蕉の葉のような形に大きく成長する。

●サトイモ科ミズバショウ属●北海道・中部地方以北の本州（日本海側）の山地〜亜高山帯／北アルプス・頸城山地・谷川連峰・尾瀬など●30〜80cm●5〜7月

ミツガシワ

平地から高山帯までの湿原に生える1属1種の多年草。寒冷地を好む植物ながら平地にも自生するため、氷河期残存植物といわれる。

和名の元となったカシワの葉に似ているという3枚の小葉を広げ、葉のわきから伸ばした花茎の先端に花芽をつける。

5つに裂けた花びらは白色。裂片の内側からたくさんの白い縮れ毛を出しているのが特徴的だ。

●ミツガシワ科ミツガシワ属●北海道・本州の山地〜高山帯／北アルプス・尾瀬など●20〜40cm●4〜7月

イワショウブ

本州の日本海側に面した山地や亜高山帯の湿原または雪原周辺の湿地に生える多年草。

根元から生える根生葉は線形で30cm近くになり、ショウブに似ていることからこの名がある。

夏、20〜40cmほど伸ばした茎（花茎）の先に、穂状の花をつける。

花は花被片（花びらとがくが区別できないときの総称）が6枚ある。色は白色が多い。

●ユリ科チシマゼキショウ属●大山以東の本州（日本海側）の亜高山帯／北アルプス・白山・谷川連峰・尾瀬など●20〜40cm●6〜8月

イワイチョウ

中部地方以北の高山の湿原に自生するミツガシワ科イワイチョウ属の多年草。1属1種でイワの名がついているが、湿原や湿地に生える。根から立ち上がる葉は長い柄をもっていて、腎形。つやがあり、縁はギザギザ。

夏に花茎を伸ばし、直径1〜2cmほどの白い花をつける。花びら（花冠）はがく同様に5つに切れ込み、可憐。ミツガシワのようなひげはない。

●ミツガシワ科イワイチョウ属●北海道・中部地方以北の本州の高山帯／日本アルプス各地・八ヶ岳・谷川連峰・尾瀬・蔵王など●20〜40cm●7〜8月

コバイケイソウ

山地帯〜高山帯にかけての湿地や草地に生える多年草。群生し、花が満開になった景観はみごと。

縦に葉脈が走る楕円形の葉は茎に互生。茎（花茎）の先に花穂をつける。

毒草で、新芽は山菜となるオオバギボウシ（ウルイ）に似ているので注意が必要。コバイケイソウは葉の質感が軽く、乾いているように見える。

●ユリ科シュロソウ属●北海道・中部地方以北の本州の山地〜高山帯／日本アルプス各地・八ヶ岳・奥多摩・谷川連峰・尾瀬など●50〜100cm●6〜8月

オミナエシ

里山の植物の代表種。開けた草地に生える大型の多年草。日本人にはなじみのある野草だったが、手入れの行き届かない休耕地が増えたため、姿を見る機会が減ってきている。

羽状に裂けた葉は茎に対生し、細長く見える。秋、茎の先に小さな花を多数開く。花色は品のある黄色。草地にまとまって咲く姿に、秋の七草らしい風情がある。

●オミナエシ科オミナエシ属●北海道・本州・四国・九州の山地や丘陵地／富士山・日本アルプス各地・八ヶ岳・奥多摩・高尾山など●60〜100cm●8〜10月

アキノキリンソウ

別名アワダチソウともいい、キク科の植物。里山の日当たりのよい場所に普通に見られる。

草丈は30〜60cmほどになり、披針形の葉を互生してつける。秋風の吹き始める頃から、茎の先端に明るい黄色の小さな花を多数つける。花は中央の筒状花とそれを囲む舌状花に分かれている。

ミヤマアキノキリンソウは、本種の変種。

●キク科アキノキリンソウ属●北海道・本州・四国・九州の山地や丘陵地／富士山・日本アルプス各地・八ヶ岳・丹沢・箱根・奥多摩・高尾山・奥武蔵・谷川連峰・尾瀬など●30〜80cm●8〜11月

キブシ

山地や丘陵地に生えるキブシ科の落葉低木。まだ冬枯れした林で春早くから花をつけ、春の訪れを人々に知らせる。

枝を細かく分けて、卵形の葉を互生。葉の先端は尖っていて、縁にはギザギザがある。

葉が芽吹く前に、黄色い小さな花をたくさんつけた穂状の花を枝先から垂らす。花は4枚の花びらからなり、全開はしない。球形の実がなる。

●キブシ科キブシ属●北海道・本州・四国・九州の山地や丘陵地／富士山・日本アルプス各地・八ヶ岳・丹沢・箱根・奥多摩・高尾山・奥武蔵・谷川連峰・尾瀬など●3〜8m●3〜4月

●分類 ●分布 ●高さ ●開花時期

フクジュソウ

落葉樹林内に生える、キンポウゲ科の多年草。正月の寄せ植えとして、市販されている。

積雪のない環境では、3〜4月に花茎を出し、先端につぼみを数輪つける。開花した花はつやのある明るい黄色で、お椀形。この花の形状には集熱効果があり、まだ寒い時期でも花を温め、虫を集めるとされている。

花が数輪咲いた後、細かく裂けた茎葉を出す。

●キンポウゲ科フクジュソウ属●北海道・本州・四国・九州の山地／富士山・日本アルプス各地・八ヶ岳・丹沢・箱根・奥多摩・高尾山・奥武蔵・谷川連峰・尾瀬など●10〜30cm●3〜4月

クロモジ

山地に生えるクスノキ科の落葉低木。ほのかな香りをもち、この香りに殺菌作用があるとされる。高級楊枝や採り箸、アロマオイルなどに利用。

若い枝は濃い緑色で、炭をまぶしたような斑点があり、すべすべしている。太くなると褐色になり、縦に筋立ってくる。

楕円形の葉は枝先に集まってつく。春先に葉と同時に花芽を出し、黄色い花を多数つける。

●クスノキ科クロモジ属●本州・四国・九州の山地／富士山・日本アルプス各地・八ヶ岳・丹沢・箱根・奥多摩・高尾山・奥武蔵・谷川連峰・尾瀬●2〜5m●3〜4月

ミヤマキケマン

低山や丘陵帯の日がよく当たる林縁や川岸などに生えるケシ科の二年草。有毒植物。

赤みを帯びた茎に1〜2回羽状複葉をつけ、小葉はさらに深裂するのでシダのような細かな葉に見える。

晩春から茎の先端部に長さ10cmほどの花芽を出し、多数の明るく黄色い筒状の花をつける。類似種が多くあり分類が難しい。

●ケシ科キケマン属●近畿地方以北の本州の山地や丘陵／富士山・日本アルプス各地・八ヶ岳・丹沢・箱根・奥多摩・高尾山・奥武蔵・谷川連峰・尾瀬など●20〜50cm●4〜6月

オオバキスミレ

主に日本海側の山地の湿った林縁や、草地に生えるスミレの仲間。

根元からは脈のはっきりしたハート形の葉を1〜2枚出し、茎には卵形の葉を3枚ほどつける。それぞれ縁のギザギザが大きい。葉もキスミレの仲間では大きく、茎丈が20cmほどに成長する。

初夏、花柄を出して先端に黄色い花をつける。下側の花びらには紫色の筋が入るのが特徴。

●スミレ科スミレ属●北海道・近畿地方以北の本州の山地／北アルプス・谷川連峰・尾瀬・那須岳・飯豊連峰・朝日連峰など●10〜20cm●6〜7月

マンサク

本州の主に太平洋側から九州の山地まで分布する落葉低木。山地では最も早く花を開き、枯れた落葉樹林内では目立つ。

菱形状の卵形の葉を互生。この葉の大きさと形状で、日本海側にはマルバマンサクが分布する。

低山では1月頃から、枝先に糸状花弁の黄色い花をまとまってつける。茶花に利用される。

●マンサク科マンサク属●本州・四国・九州の山地／日本アルプス各地・八ヶ岳・丹沢・箱根・奥多摩・高尾山・奥武蔵・谷川連峰・尾瀬など●5～10m●1～3月

ユウスゲ

ニッコウキスゲなどと同じユリ科ワスレグサ属の仲間。キスゲともいう。花の形もよく似ていて、明るい草原や山地の林縁などに生える。長さ50cmほどの細い線形の葉を交互に出し、根元はアヤメのような扇形になる。

夏から秋にかけて花茎を伸ばし、澄んだ黄色い花を数輪つける。ワスレグサ属の中では唯一夕方咲き始め、翌朝にはしぼんでしまうのが特徴だ。

●ユリ科ワスレグサ属●本州・四国・九州の山地／富士山・日本アルプス各地・八ヶ岳・高尾山・榛名山など●50～100cm●7～9月

サワオグルマ

北海道を除く山地の湿原や湿地、ときには耕作放棄された水田にも生えるキク科の多年草。

根元から出た葉はロゼット状（放射状に葉が伏した状態）で、形はへら状披針形。春先に伸ばす茎葉は披針形で、葉のつけ根は茎を抱く。先端は尖り、縁には粗いギザギザがある。

初夏、茎の先に花を多数つけ、上から見ると車状にまとまって見える。

キク科オグルマ属 本州・四国・九州・沖縄の山地／富士山麓・日本アルプス各地・八ヶ岳・谷川連峰・蔵王・飯豊連峰・朝日連峰など 50～80cm 4～6月

ウサギギク

中部地方以北の雪原周辺の湿地や草地に自生する、キク科ウサギギク属の仲間。

長く伸ばした茎に2～3対の対生する細いへら形の葉をつける。この葉の形をウサギの耳にたとえ、この和名がある。

夏、茎の頭頂に黄色い花を1輪開く。花は中央にたくさんの筒状花が集まったもので、周囲に舌状花が1列並ぶ。その姿は愛らしい。

キク科ウサギギク属 北海道・中部地方以北の本州の高山帯／日本アルプス各地・八ヶ岳・谷川連峰・那須岳など 10～20cm 7～8月

キオン

山地～高山の明るい草地に生えるキク科の多年草。長く伸びた茎には楕円形をした葉を多数互生し、葉の縁は細かいギザギザになっている。茎は先で細かく枝分かれし、それぞれの先端に黄色い花を多数つける。

呼び名のよく似たシオン（紫苑）は山地に自生する同じキク科の多年草。秋に紫色の花をつける。キオンはこのシオンに対してつけられた名。

●キク科キオン属●北海道・本州・四国・九州の山地～亜高山帯／富士山・日本アルプス各地・八ヶ岳・尾瀬など●50～100cm●8～9月

イワインチン

本州中部～東北南部の高山帯の小石や石の多い地に生える、キク科の高山植物。日本固有種。

葉はヨモギのように深く裂け、茎に互生。葉の裏は白色の綿毛が密生してついている。

夏の終わり、茎の先端に黄色い小さな花をまとめてつける。花は筒状花だけで、舌状花はない。別名のインチンヨモギは葉の形がヨモギに似ているため。

●キク科キク属●中部地方以北の本州の亜高山～高山帯／北アルプス・南アルプス・浅間連峰・谷川連峰・那須岳など●10～30cm●8～9月

カンチコウゾリナ

中部地方以北の亜高山帯から高山帯にかけた草地や岩場に生えるキク科の二年草。披針形をした葉は茎に互生し、縁はギザギザ。茎と葉、また花を包む葉（総苞）いずれも黒っぽく硬い毛が生えているため、全体的に黒みを帯びて見える。

夏に茎の先端が枝分かれし、黄色い頭花をつける。和名「寒地髪剃菜」は、寒地に生えるコウゾリナからついたもの。

●キク科コウゾリナ属●北海道・中部地方以北の本州の亜高山〜高山帯／北アルプス・八ヶ岳など●30〜50cm●7〜8月

ミヤマタンポポ

北アルプスや白山など中部地方の日本海側に面した高山に生えるタンポポの仲間。

他のタンポポ同様、浅く裂けた羽状の葉を根元から出し、夏には花柄を伸ばして黄色い頭花を開く。花序（頭状花序）を包む緑の総苞は黒みがかり、外片に突起はない。

白馬岳などに自生するシロウマタンポポは、ミヤマタンポポの変種。総苞の外片に突起がある。

●キク科タンポポ属●中部地方の日本海側高山帯／北アルプス・八ヶ岳・白山・戸隠山など●10〜30cm●7〜8月

ミヤマコウゾリナ

中部地方以北と四国の亜高山帯〜高山帯の草地に自生するキク科の多年草。根元から出る葉（根生葉）は楕円形で、縁に毛が生える。50cm近くに伸びる茎につく茎葉は小さく、つけ根は茎を抱く。根生葉と比べると数はまばらだ。

夏、茎の先が枝分かれし、頭に2cmほどの黄色い花をつける。花を包む葉（総苞）は毛に覆われており、黒みがかる。

●キク科ミヤマコウゾリナ属●中部以北の本州・四国の亜高山〜高山帯／日本アルプス各地・八ヶ岳・谷川連峰・尾瀬など●15〜45cm ●7〜8月

マルバダケブキ

山地の湿地や湿った林縁に生えるキク科メタカラコウ属の多年草。草丈は1mを超える。

長く伸びた茎には直径30cmもの腎円形の葉がつき、葉のつけ根は茎を抱く。縁はギザギザ。

夏、頂部に10cm近い黄色い花を開く。筒状花の周りの舌状花は10枚ほど。

●キク科メタカラコウ属●本州・四国の山地〜高山帯／富士山・日本アルプス各地・八ヶ岳・奥多摩・谷川連峰・尾瀬・那須岳など●40〜120cm ●7〜9月

ミヤマキンポウゲ

亜高山帯から高山帯に生えるキンポウゲの仲間。生育地では群生するのが普通で、雪原周辺に展開する黄色の景観はみごと。

根元から生える葉（根生葉）は3つに裂け、茎に互生。裂片はさらに細かく切れ込みが入る。

夏、径が2cmほどの黄色い花を開く。花びらは5枚あり、丸みを帯びて光沢をもつのが特徴。似ているシナノキンバイの花には光沢がない。

●キンポウゲ科キンポウゲ属●北海道・中部地方以北の本州の亜高山〜高山帯／日本アルプス各地・八ヶ岳・谷川連峰・尾瀬など●10〜50cm●7〜8月

キバナシャクナゲ

高山帯のハイマツの周辺の岩場や小石の多い荒れ地に生えるツツジ科の常緑低木。シャクナゲの仲間ながら、自生地が高山の厳しい環境下にあるため、樹高わずか30cm前後にしか成長しない。

枝先に集まってつく葉は楕円形で5cm前後。縁は裏側にそり返る。初夏に漏斗形の花びら（花冠）をもった可憐な花を枝先につける。花色は淡い黄色。

●ツツジ科ツツジ属●北海道・中部地方以北の本州の高山帯／日本アルプス各地・八ヶ岳・奥秩父など●10〜30cm●6〜7月

オオバミゾホオズキ

亜高山帯の湿った林縁に生える多年草。群落をつくる。

柄がなく、茎から直接出る葉は卵形で、縁はギザギザ。縦に伸びた目立つ葉脈が特徴的で、葉は十字に対生する。

夏に花柄を出し、その先に黄色い花を１輪つける。花びら（花冠）は筒形で、５枚に裂けている。花名は、葉が大きく、水辺に生え、実がホオズキに似ていることから。

● ゴマノハグサ科ミゾホオズキ属●北海道・中部地方以北の本州（日本海側）の山地〜亜高山帯／北アルプス・戸隠山・火打山・谷川連峰・尾瀬など●10〜30cm ●7〜8月

タカネスミレ

岩場や草地、石の多い荒れ地に生えるスミレ科の高山植物。

高さ 10cm に満たない茎に、３〜４枚の円形またはハート形の葉をつける。縁には粗いギザギザがあり。葉は濃い緑色でつやをもつ。

夏、黄色い花をつけ、下側につく唇弁には紫色の線が入るのが特徴。

姿・形がよく似た亜種が確認されていて、生育場所で名前が異なる。

●スミレ科スミレ属●北海道・中部地方以北の本州の高山帯／クモマスミレ＝北アルプス・中央アルプス、ヤツガタケスミレ＝八ヶ岳、タカネスミレ＝秋田駒ヶ岳・岩手山など●5〜10cm ●6〜7月

ミヤマキンバイ

草地や石の多い荒れ地に生える、バラ科の高山植物。平地に生えるキジムシロと似た黄色い花をつけ、群生することも。

根元から伸びた葉（根生葉）はつやのある3出複葉（3枚の小葉からなる葉）で、柄は長い。縁に粗いギザギザをもつ。

夏に枝分かれした茎の先に黄色い花が咲く。径は2cmほど。花びらは外側がくぼんだハート形で、5枚ある。

●バラ科キジムシロ属●北海道・中部地方以北の本州の高山帯／日本アルプス各地・八ヶ岳・白山・谷川連峰・日光白根山・至仏山など●10〜15cm ●7〜8月

ミヤマダイコンソウ

高山帯の岩場や、石の多い荒れ地に生えるバラ科の多年草。

根元から生える葉は奇数羽状複葉で、数枚ある小葉の中でも先端につく頂小葉が大きくなり、よく目立つ。頂小葉は円形で、切れ込みが入った縁は粗いギザギザ。茎葉は小さく目立たない。

夏に花びらが5枚ある黄色い花が開く。花びらの先端部はへこんで、円形に近いハート形。

●バラ科ダイコンソウ属●北海道・中部地方以北の本州の高山帯／日本アルプス各地・八ヶ岳・谷川連峰など●10〜30cm ●7〜8月

イワベンケイ

高山の岩場を中心に、北海道では海岸部にも自生するベンケイソウ科の多年草。雌雄異株。

茎に肉質で倒卵形の葉が互生。縁にはギザギザがあり、茎を抱く。ベンケイソウ科は厳しい環境に適応するため、水分を貯蔵できる肉質の葉をもっているのが特徴だ。

夏、黄色い小さな花をまとまってつける。雄花の方が大きく、黄色みが強いため目立つ。

●ベンケイソウ科イワベンケイ属●北海道・中部地方以北の本州の高山帯／日本アルプス各地・八ヶ岳など●15～30cm ●7～8月

オタカラコウ

山地～高山帯の湿地や沢沿いに生えるキク科の大型多年草の一種。

根元から生える葉（根生葉）はフキの葉に似たハート形で、茎葉は小さい。夏～秋、茎の上部に黄色い花をまとめてつける。1つの花には8～9個の舌状花がつく。

よく似たメタカラコウは小型。葉のつけ根の形がオタカラコウよりも尖り、花につく舌状花の数も1～3個と少ない。

●キク科メタカラコウ属●本州・四国・九州の山地～高山帯／富士山・日本アルプス各地・八ヶ岳など●1～2m ●7～9月

●分類 ●分布 ●高さ ●開花時期

ミヤマアキノキリンソウ

別名コガネギクとも呼ばれるキク科の多年草。アキノキリンソウの高山型で変種扱いされている。亜高山〜高山の岩場や草地など日当たりのよい場所に生える。

茎には幅のある楕円形の葉が互生。縁には細かなギザギザがある。

秋のはじめに黄色い小さな花をつけるが、花が下から散らばってつくアキノキリンソウよりも、茎先端部にまとまって花が咲くところが異なる。

●キク科アキノキリンソウ属●中部地方以北の本州の高山帯／富士山・日本アルプス各地・八ヶ岳・奥多摩・谷川連峰・尾瀬・那須岳など●20〜40cm●7〜8月

シナノキンバイ

夏の高山の湿った草地で見られる、キンポウゲ科の仲間。黄色い花が群生する姿は登山客の人気を集める高山植物だ。

根元から出る根生葉は大きめで、手のひら状に深く裂け、裂片はさらに細かく切れ込んでいる。

夏、茎の先端に3cmを超える黄色い花をつける。花びらのように見えるのは黄色い色をしたがく。花びらはオレンジ色で、おしべより短い。

●キンポウゲ科キンバイソウ属●北海道・中部地方以北の本州の高山帯／日本アルプス各地・八ヶ岳・谷川連峰・尾瀬・那須岳など●20〜70cm●7〜8月

リュウキンカ

山地帯～亜高山帯の湿原に生えるキンポウゲ科の多年草。根元から生える葉（根生葉）は長い柄のある腎円形で、茎葉は小さい。ともに縁はギザギザ。

初夏、花柄を伸ばして3cmほどの黄色い花をつける。花びらに見えるのはがく片で、おしべの数が多いため目立つ。この花が咲く時期はミズバショウの開花時期と重なり、湿地は賑やかだ。

●キンポウゲ科リュウキンカ属●本州・九州の山地～亜高山帯／北アルプス・戸隠山・妙高山・奥日光・尾瀬・蔵王など●15～50cm●4～7月

オゼコウホネ

尾瀬沼など限られた池沼に生える水草の仲間。根茎から長い柄を伸ばして葉を出す。水上に浮かぶ葉にはつやがあり、楕円形。基部はやじり形。

夏、茎（花茎）を水面に出して黄色い花を1輪開く。花びらに見えるのはがく片で、その内側に密に並んでいるのが花びら。中心にあるめしべの先端部（柱頭盤）が濃紅色をしているのが、他のコウホネ属にはない特徴。

●スイレン科コウホネ属●北海道・本州の亜高山帯／尾瀬・月山●15～50cm●7～8月

ニッコウキスゲ
（ゼンテイカ）

霧降高原など栃木県日光市で大きな群生が見られることから、ニッコウキスゲの名で親しまれるユリ科の多年草。山地帯や亜高山帯の草原や湿原に生え、群生する。

線形の細い葉が２枚重なって伸び、先端は垂れ下がる。この葉の間から茎（花茎）を伸ばし、花芽をつける。花は濃い黄色で下部から順に開花。１日でしぼむため、「一日花」とも呼ばれる。

●ユリ科ワスレグサ属●北海道・本州の山地〜亜高山帯／車山・浅間連峰・奥多摩・谷川連峰・奥日光・尾瀬・那須岳など●50〜80cm ●7〜8月

ヤナギラン

山地の草原や崩壊跡、スキー場などの開けた草地に生える多年草。中部地方の高原では群生する姿がよく見られる。

１ｍを超える茎に、ヤナギの葉に似た披針形の葉をつける。

夏から秋にかけて、赤紫色の４枚の花びらをもった花が咲く。

緑の草原でこの花色の群生は目立ち、美しい。

●アカバナ科ヤナギラン属●北海道・中部地方以北の本州の山地／富士山・日本アルプス各地・八ヶ岳・奥多摩・谷川連峰・日光白根山・尾瀬など●50〜150cm ●7〜9月

イワウチワ

山地の林縁や岩場などに群生するイワウメ科の多年草。円形の葉は5cm前後の大きさで、縁にはギザギザがある。

雪解けとともに葉のわきから伸びた茎（花茎）の先に淡紅色の花を1輪つけ、白色に近いものも。花びら（花冠）は5つに裂け、裂片はさらに細かく裂ける。

葉の形がうちわに似ていて、岩場に自生することからこの名がある。

●イワウメ科イワウチワ属●中国地方以北の本州の山地／北アルプス・中央アルプス・奥多摩・高尾山・奥武蔵・谷川連峰・尾瀬など●5〜15cm ●4〜5月

ノコンギク

平地から山地までよく見られる最もオーソドックスな野菊で、地下茎でも殖えるため群生する。

根元から生える葉（根生葉）は長楕円形。柄をもち、花が咲く頃にはなくなる。柄のない茎葉は卵形で、縁は浅く裂け、粗いギザギザがある。

夏から晩秋まで花期は長く、茎の先に多数の花が開く。中央の筒状花は黄色く、周囲を囲む舌状花は白から淡い紫色。

●キク科シオン属●本州・四国・九州の山野／富士山・日本アルプス各地・八ヶ岳・丹沢・箱根・奥多摩・高尾山・奥武蔵・谷川連峰・尾瀬など●50〜100cm ●8〜11月

カントウヨメナ

低山の登山道わきでもよく目にするキク科の多年草。楕円形の茎葉が互生し、縁は浅く裂ける。

秋口、茎の先に3cmほどの花を1輪開く。中央の筒状花が黄色、周囲の舌状花が白色から淡い紫色と愛らしい。

中部地方以西の本州や四国、九州には本種よりも大きくなるヨメナが分布。よく似たノコンギクは種子に冠毛があるが、ヨメナの仲間は冠毛が短い。

●キク科ヨメナ属●関東地方以北の本州の野原／富士山・丹沢・箱根・奥多摩・高尾山・奥武蔵など●50〜100cm●8〜10月

ノアザミ

山地や丘陵の明るい斜面でよく見かけるアザミの仲間。春咲きのアザミは本種のみ。

根元から生える葉（根生葉）はロゼット状（放射状にはった状態）に開いてつく。茎葉は羽状に裂け、縁には鋭いトゲがあるため刺すと痛い。

初夏から茎の先端に上向きに頭花をつける。花色は紫色。総苞にさわるとベタベタするのが特徴。

●キク科アザミ属●本州・四国・九州の山地や丘陵地／富士山・日本アルプス各地・白山・丹沢・箱根・奥多摩・高尾山・奥武蔵・谷川連峰・尾瀬など●60〜100cm●5〜8月

タムラソウ

草原や湿原周辺に生えるキク科タムラソウ属の多年草。花も葉もアザミとよく似ているため、初めて見る人はアザミと勘違いしやすい。

タムラソウの茎葉は羽状に柄のつけ根まで裂け（全裂）、トゲはない。このトゲの有無で見分けられる。

よく似たノアザミは春に花をつけるが、タムラソウは晩夏から秋にかけて赤紫色の花を開く。

●キク科タムラソウ属●本州・四国・九州の山地／富士山・日本アルプス各地・八ヶ岳・箱根・奥多摩・谷川連峰・尾瀬など●50〜150cm●8〜10月

ヤマホタルブクロ

山地の林縁や草地、林道沿いなどに自生する。姿・形がよく似たホタルブクロの変種とされている。

直立した褐色の茎に幅の狭い披針形の茎葉を互生。縁はギザギザ。

梅雨の頃から、伸ばした茎の先に釣鐘形の花をつける。この花のがく片の間にふくらみがある。よく似たホタルブクロは、がく片の間がそり返っている。

●キキョウ科ホタルブクロ属●近畿地方〜東北地方南部の山地／富士山・日本アルプス各地・八ヶ岳・丹沢・箱根・奥多摩・高尾山・奥武蔵・谷川連峰・尾瀬など●20〜60cm●6〜8月

ムラサキケマン

　登山道の入口となる里山や丘陵地など、平地でも見られる、ケシ科キケマン属の二年草。林縁や、やや湿った場所を好む。

　直立する茎に羽状の複葉がつき、小葉はさらに裂けるため、シダの葉のように細かく見える。

　春から初夏にかけて赤紫色の筒状花を、茎の先端にまとまってつける。大きさは2cmほど。先端は唇形をしている。

●ケシ科キケマン属●日本全国の低山や丘陵地／富士山・日本アルプス各地・八ヶ岳・丹沢・箱根・奥多摩・高尾山・奥武蔵・谷川連峰など●30〜50cm●4〜6月

オキナグサ

　キンポウゲ科の多年草で明るい林縁に生える。和名は全体が白い毛に覆われた姿を、翁の白髪に見立てたもの。

　根元から出る葉（根生葉）は羽状に裂け、小葉も裂けて細かく見える。柄のない茎葉は深く裂けて細い。茎、葉ともに白い毛が密生。

　葉が開くと茎先に茎を伸ばし、赤紫色の花を下向きにつける。花弁に見えるのはがく片だ。

●キンポウゲ科オキナグサ属●本州・四国・九州の山地／富士山・北アルプス・八ヶ岳・丹沢・箱根・奥多摩・高尾山など●30〜40cm●4〜5月

キクザキイチゲ

落葉広葉樹林内に自生する、キンポウゲ科イチリンソウ属の仲間。

根元から生える葉（根生葉）は２回３出複葉で小葉はさらに裂け、細かく見える。茎葉は小葉が３枚輪生。

木々が芽吹く前にキクと似た花を開く。花色は白～紫と変化に富み、アズマイチゲと間違えることも。花弁のように見えるのはがく片で、花後、地上部は枯れて消える。

●キンポウゲ科イチリンソウ属●北海道・近畿地方以北の本州の山地／富士山・北アルプス・南アルプス・八ヶ岳・丹沢・箱根・奥多摩・高尾山・谷川連峰・尾瀬など●10～20cm ●3～5月

レンゲショウマ

太平洋側山地の湿り気のある土壌を好む野草。

50cm を超える長い茎に、数回の３出複葉を出す。小葉は卵形で、縁には粗いギザギザがある。

夏、茎の先端に薄紫色の３cm ほどの花を、下向きにつける。その姿は品があり、美しく、自生地の開花時期は多くの見物客で賑わう。

蓮華（ハス）のような花をつけることからこの名がある。

●キンポウゲ科レンゲショウマ属●東北地方南部～近畿地方／南アルプス・浅間連峰・御坂山塊・奥多摩（御岳山）・高尾山など●40～80cm ●7～8月

カタクリ

落葉広葉樹林内に群生するユリ科の多年草。木々の芽吹き前に発芽・成長し、芽吹き後に地上部が消えるスプリングエフェメラルの一種。

葉は根元から出る長楕円形の根生葉で、茎を抱く。茎（花茎）を伸ばして紅紫色の花を1輪開く。花被片（花びら・がく。区別できないときの総称）は6枚。日が差すと開いてそり返る。葉が1枚のものは花をつけない。

●ユリ科カタクリ属●北海道・本州・四国・九州の山地や丘陵地／日本アルプス各地・八ヶ岳・丹沢・奥多摩・高尾山・奥武蔵・谷川連峰・越後三山など●10～20cm●3～5月

ウラシマソウ

低山の林内など、直接日が差さない場所に育つ多年草。11～17枚ほどの小葉が、鳥の足状についた複葉を出す。若いうちは小葉が少ない。

春、仏像の光背に似た仏炎苞に包まれ、小花が集まった花穂（肉穂花序）と付属体を出す。付属体先端が釣り糸のように長く伸びていることから、これを浦島太郎の釣り糸にたとえ、ウラシマソウの名がある。有毒植物。

●サトイモ科テンナンショウ属●北海道・本州・四国・九州の山地や丘陵地／富士山・南アルプス・中央アルプス・八ヶ岳・丹沢・箱根・奥多摩・高尾山・奥武蔵など●40～50cm●4～5月

タニウツギ

降雪量の多い山地の林縁や沢沿いなどに自生する、スイカズラ科タニウツギ属の落葉低木。

成長した枝の樹皮は灰褐色で縦に割れ、若い枝は赤みがかる。枝先に楕円形の葉を対生。葉先は尖り、縁はギザギザ。入梅の頃、その年につけた枝や葉のわきから花芽を出し、たくさんの花をつける。漏斗形で、花びら（花冠）が５つに裂けた花は咲き終るまで淡紅色だ。

スイカズラ科タニウツギ属 北海道・本州の山地／北アルプス・八ヶ岳・谷川連峰・尾瀬・飯豊連峰など 2～5m 5～7月

ニシキウツギ

分類では母種に当たるタニウツギとは逆の、太平洋に面した山地に自生する落葉低木。

葉の先端が尖り、５～10cm ほどになる楕円形の葉を対生する。縁にはギザギザがある。

初夏、その年に出した枝先や葉のわきから花芽をまとめて出し、たくさんの花をつける。花の形は漏斗形。花の色ははじめ白く次第に明るい赤色へと変わる。

スイカズラ科タニウツギ属 本州（宮城県～奈良県）・四国・九州の山地／富士山麓・南アルプス・中央アルプス・八ヶ岳・丹沢・箱根・奥多摩・高尾山・奥武蔵など 2～5m 5～6月

エイザンスミレ

比較的低山の林内や林縁などの湿った土壌に生える多年草。ハート形の葉が多いスミレの仲間でこの葉の形は珍しい。

5 cm ほどに成長する葉は柄のつけ根まで3つに深く裂け、さらに切れ込むので細かい。

春、花茎を伸ばして大きめの花を1輪開く。花色は淡紅色が中心で、白い花も見られる。比叡山で確認されたことからこの和名がついた。

●スミレ科スミレ属●本州・四国・九州の山地／富士山・日本アルプス各地・八ヶ岳・丹沢・箱根・奥多摩・高尾山・奥武蔵など●10～20cm ●4～5月

ミツバツツジ

関東から近畿地方にかけての山地に生える、ツツジ科の落葉低木。

春、葉よりも早く枝先に紅紫色の花をつける。まだ冬枯れの落葉樹林内ではひときわ目立ち、美しい。形は漏斗形でおしべは5本ある。

花に遅れて芽を出す葉は3枚が輪生。腺毛が生えているため粘つくが、その後なくなる。秋の、赤みを帯びた黄葉も、花に負けず美しい。

●ツツジ科ツツジ属●関東～近畿地方の山地／富士山・日本アルプス各地・八ヶ岳・丹沢・箱根・奥多摩・高尾山・奥武蔵・赤城山・榛名山など●1～3m ●4～5月

ヤマツツジ

低山や丘陵地に生えるツツジの仲間。樹高は1〜5mほどで、枝に短い柄のある葉が互生。

葉は春に出て秋に落葉する春葉と、夏から秋にかけて出し、越冬する夏葉の2種類がある。このため「半落葉」に分類。葉の形も異なる。

初夏、枝先に漏斗形をした花びら（花冠）の花をつける。花色は朱色が多く、内側に濃い斑点があるのが特徴。

●ツツジ科ツツジ属●北海道・本州・四国・九州の山地や丘陵地／富士山・日本アルプス各地・八ヶ岳・丹沢・箱根・奥多摩・高尾山・奥武蔵・赤城山・榛名山など●1〜5m●4〜6月

レンゲツツジ

山地の草原や林縁に生える、ツツジ科の落葉低木。日当たりのよい場所を好み、オレンジ色をした大きな花が目立つ。

樹高1〜2mと低く、枝に倒披針形の葉が互生する。葉が芽吹く頃に花芽をもち、5cmほどの大きめの花を開く。花の形は漏斗形で、花びら（花冠）は5つに裂ける。

有毒植物の一種。この毒を集蜜した蜂蜜の中毒事件が起きている。

●ツツジ科ツツジ属●北海道・本州・四国・九州の山地／富士山・北アルプス・南アルプス・霧ヶ峰・八ヶ岳・三窪高原・赤城山・榛名山など●1〜2m●4〜6月

サラサドウダン

山地に自生するツツジ科ドウダンツツジ属の落葉低木。赤みを帯びた小さな花が愛らしい。

楕円形の葉は枝先にまとまって互生。縁にはギザギザがある。

初夏、枝先に長い花柄の花を10輪ほど吊り下げる。花色は淡黄色で横に朱色の筋が入り、先端も赤く染まる。形は釣鐘形。先端は5つに浅く裂ける。紅葉もみごと。別名フウリンツツジ。

●ツツジ科ドウダンツツジ属●北海道・本州／富士山・日本アルプス各地・八ヶ岳・丹沢・箱根・奥多摩・高尾山・谷川連峰など●3〜5m●5〜6月

ユキツバキ

日本海側ブナ林などの林縁に多く自生。太平洋側のヤブツバキの近縁種で、ヤブツバキの変種になっている。

樹高1〜2mほどに成長し、積雪のためにはうような樹形が多い。葉は楕円形で互生。先端は尖り、縁はギザギザ。

雪解け時期に咲く花は赤色で、横向きに開く。おしべは短めで、鮮やかな黄色のため、花びらとのコントラストが強い。

●ツバキ科ツバキ属●東北〜北陸地方の山地／北アルプス・黒姫山・妙高山・谷川連峰・越後三山など●1〜2m●4〜6月

フシグロセンノウ

山地の林縁に生えるナデシコ科の仲間。山中でこの花を目にすると、園芸種と見間違えるような形・色をしている。

草丈は50cmを超えて、和名にある通り、茎につく節が黒褐色をしているのが大きな特徴。卵形の葉が対生し、先は細くなっている。

夏～秋、茎の先端に5cmほどの花を数輪つける。花色はオレンジ色で、花びらは5枚ある。

●ナデシコ科センノウ属●本州・四国・九州の山地／富士山・日本アルプス各地・八ヶ岳・丹沢・箱根・奥多摩・高尾山・奥武蔵・谷川連峰など●40～90cm●7～10月

イカリソウ

山地に生えるメギ科の多年草。ランの花に似た独特の形と色が好まれ、園芸種も出回っている。

葉はイカリソウの別名が「三《さん》枝《し》九《く》葉草《ようそう》」とあるように、2回3出複葉。小葉は卵形をしている。

春に2cmほどの距（花びらの基部にある突起）をもつ、淡紅色の花が開く。形が錨に似ているためこの和名がついた。強壮剤としても知られる。

●メギ科イカリソウ属●北海道・本州・四国・九州の山地／富士山・南アルプス・中央アルプス・八ヶ岳・丹沢・箱根・奥多摩・高尾山・奥武蔵など●30～50cm●4～5月

コオニユリ

やや湿った草地に生えるユリ科の仲間。同属のオニユリに比べ、ひと回り小さい。まっすぐに伸びた茎に柄のない披針形の葉を互生につける。オニユリとは違いムカゴはつけない。葉の先端は尖る。

夏～秋、花を数輪下向きにつける。花被片（花びら・がく。区別できないときの総称）の色は濃い橙色で、褐色の斑点が散在。開花すると後ろにそり返る。

●ユリ科ユリ属●北海道・本州・四国の山地／富士山・日本アルプス各地・八ヶ岳・霧ヶ峰・丹沢・箱根・奥多摩・高尾山・谷川連峰・尾瀬など●100～150cm ●7～9月

ベニバナイチヤクソウ

山地～亜高山帯の林内や林縁に生えるイチヤクソウ科の多年草。自生地の林内では、群生する姿が見られる。

根元周辺に集まってつく葉は2～5枚。楕円形で、つけ根はハート形。つやがある。

夏、名前の由来となる桃色の花が、長く伸ばした茎（花茎）に交互につく。花の数は10個ほどで、色・形ともに愛らしく、群生は美しい。

●イチヤクソウ科イチヤクソウ属●北海道・中部地方以北の本州の山地～亜高山帯／富士山・日本アルプス各地・八ヶ岳・奥多摩・谷川連峰・尾瀬など●10～20cm ●6～7月

エンレイソウ

山地の林床に生える多年草。ブナ林など雪解け時期の落葉広葉樹林内に入ると、湿った林床に3枚葉の独特の形をした姿が見られる。

草丈は30cmほどで10cm前後の葉が3枚輪生してつく。形は丸みを帯びた菱形だ。

葉が開くと中央から花柄を出し、黄緑色かくすんだ紫色の小さな花が1輪開く。花びらのように見えるのはがく片だ。

●ユリ科エンレイソウ属●北海道・本州・四国・九州の山地／日本アルプス各地・丹沢・箱根・奥多摩・高尾山・谷川連峰など●20〜40cm●4〜6月

ザゼンソウ

山深い湿地に育つサトイモ科の多年草。葉が出ないうちに、赤茶色の苞（花を包む葉）に包まれた花を開く。仏像の光背に似た苞は仏炎苞と呼ばれ、中に小花が集まった花穂（肉穂花序）がある。花穂は開花期に発熱、周囲の雪を解かして開花を進めるとされている。

開花とともに円心形の葉を広げる。和名は花の姿を座禅を組む達磨大師に見立てたことから。

●サトイモ科ザゼンソウ属●北海道・本州の山地／日本アルプス各地・八ヶ岳・高尾山・奥武蔵・赤城山・足尾など●30〜40cm●3〜5月

イワカガミ

山地から亜高山帯の林縁に群生。根元から出す葉（根生葉）は円形でつやがあり、常緑。縁はギザギザで、つけ根は心形。

春先に茎（花茎）の先に5〜10輪ほどの花をまとめてつける。花は淡紅色で、花びら（花冠）は5つに分かれ、先端がさらにギザギザに裂けているのが大きな特徴。生育場所により葉の大きさ・形が異なり、さらに分けられる。オオイワカガミ、コイワカガミなど。

●イワウメ科イワカガミ属●北海道・本州・四国・九州の山地〜亜高山帯／日本アルプス各地・八ヶ岳・富士山・谷川連峰・尾瀬など●10〜20cm●6〜7月

ミヤマアズマギク

高山の草地に生える多年草。アズマギクの高山に適応した種で、本州では限られた場所に生育。根から生える葉（根生葉）はへら形でロゼット（放射）状につく。

夏、茎の先端に頭花を1輪つける。キクに似た花は中の筒状花が黄色、周囲の舌状花が赤紫色でよく目立つ。ジョウシュウアズマギクは、谷川岳周辺などに自生するミヤマアズマギクの変種。

●キク科ムカシヨモギ属●北海道・中部以北の高山帯／北アルプス・谷川連峰・早池峰山など●10〜30cm●7〜8月

ダイニチアザミ

中部地方北部の限られた地域に生育するアザミの仲間。アザミ属独特の縁にトゲのある茎葉は、長さが20cmほどの披針形。深く裂けていて、つけ根は茎を抱く。

8〜9月に茎（花茎）の先に紅紫色の大きく目立つ花を下向きにつける。花を包む葉（総苞）は30〜45mmほどで、外片はそり返る。和名の由来は、立山の大日岳で発見されたことから。

●キク科アザミ属●中部地方北部の亜高山〜高山帯／北アルプス・頸城山地●30〜70cm●8〜9月

コマクサ

砂地や石の多い荒れ地に育つケシ科の仲間。高山植物では最も人気の高い種のひとつで、不安定な環境ながら、1m近く根を張って適応している。

根元から出した葉（根生葉）は何回にも裂け、パセリの葉を白くしたような繊細な装い。夏、葉の間から茎（花茎）を出し、馬の顔の形に似た4枚の花びらの花を下向きにつける。淡紅色の花びらはそり返る。

●ケシ科コマクサ属●北海道・中部地方以北の本州の高山帯／北アルプス・中央アルプス・八ヶ岳・本白根山・奥日光●5〜20cm●7〜8月

タカネシオガマ

石の多い荒れ地や草地で育つシオガマギク属の仲間。一度花が咲き終わると全草が枯れる、おもしろい性質の多年草の植物。本州では中部地方を中心とした高山帯に自生する。

楕円形で、羽状に裂けた複葉（よく似たミヤマシオガマはさらに深く裂ける）が輪生。

夏、茎の先端に輪生する花を数段つける。花は唇形をした赤紫色。

●ゴマノハグサ科シオガマギク属●北海道・中部地方以北の本州の高山帯／北アルプス・南アルプス・八ヶ岳・白山・至仏山など●5〜20cm ●7〜8月

ミヤマシオガマ

石の多い荒れ地や草地で育つシオガマギク属の仲間。同じような環境で育つタカネシオガマと比べ、複葉の裂け方がより深い。小葉まで羽状に裂けるため、シダの葉のようにも見える。

唇形の花は上側がつり上がり、下側は左右に開いてついている。この舌状花が輪生し、10個ほどまとまって咲く。タカネシオガマよりも花期が1カ月ほど早い。

●ゴマノハグサ科シオガマギク属●北海道・中部地方以北の本州の高山帯／日本アルプス各地・八ヶ岳など●5〜20cm ●6〜7月

●分類 ●分布 ●高さ ●開花時期

ヨツバシオガマ

草地に生えるシオガマギク属の多年草。シダの葉のように見える葉は、深く裂けた羽状複葉。この葉が4枚輪生してつくことから、和名の由来となった。緑地で目立つ花も同様で、赤紫色の花を4つ輪生し、数段重ねる。花は上側はくちばし状、下側は広がって下向きになり、3裂する。タカネシオガマなどとは異なり、湿った草地を好む性質をもつ。

●ゴマノハグサ科シオガマギク属●北海道・中部地方以北の本州の高山帯／日本アルプス各地・八ヶ岳・谷川連峰・至仏山など●20〜50cm ●7〜8月

オオサクラソウ

亜高山帯の湿った草地や岩場に生えるサクラソウ科の多年草。

根元からまとまって生える葉（根生葉）は5〜12cmほどの大きさで、手のひら状に裂ける。

初夏、葉の柄よりも長い茎（花茎）の先に、薄紅色をした2cmほどの花を、5〜6個輪生するように開く。花びら（花冠）は5つに分かれ、それぞれがハート形。花の中心部は黄色い。

●サクラソウ科サクラソウ属●北海道・中部地方以北の本州の山地〜亜高山帯／日本アルプス各地・白山・尾瀬・飯豊連峰など●15〜40cm ●5〜8月

ハクサンコザクラ

中部地方を中心とした亜高山～高山帯に分布。雪原周辺や湿地など湿った場所に、群生する姿が見られる。

根元から生える葉（根生葉）は倒卵形で、表側にそり返っているのが特徴。縁はギザギザ。

夏、葉よりも長く伸ばした茎（花茎）の先に、5つに分かれ、それぞれがハート形をした花びらの花をつける。花色は淡い紅紫色。

●サクラソウ科サクラソウ属●本州の亜高山～高山帯／北アルプス・白山・頸城山地・奥日光・飯豊山など●5～20cm ●7～8月

ユキワリソウ

山地～高山帯の湿った場所に生える小型のサクラソウの仲間。和名の「雪割草」は雪解け直後に咲くことから名づけられたが、キンポウゲ科のミスミソウも雪割草と呼ぶ。

根元から生える葉（根生葉）は楕円形。縁はギザギザで、黄色の粉がついた裏側にそり返る。

初夏、葉よりも高く茎（花柄）を伸ばし、その先端にサクラソウに似た淡紅色の花をつける。

●サクラソウ科サクラソウ属●北海道・本州・四国・九州の山地～高山帯／北アルプス・谷川連峰・奥日光・尾瀬など●10～15cm ●6～7月

エゾノツガザクラ

高山の草地に生えるツツジ科ツガザクラ属の低木。湿気のある草地や岩場を好み、線形の葉を密生させる。大きさは10mmほどで、常緑。

夏、枝先にがくが紫色で、花色が紅紫色をした壺形の花を5個ほどつける。花びら（花冠）の先がそり返り、姿が可憐。

アオノツガザクラと同じ場所に生えるため、成育地では両者の交雑種が見られることがある。

ツツジ科ツガザクラ属　北海道・北東北の高山帯／岩木山・早池峰山・月山など　10～20cm　7～8月

タカネナデシコ

草地などで見られるナデシコ科の高山植物。北海道では海岸にも生えるエゾカワラナデシコの高山型変種とされている。

まっすぐに伸びた茎に長さ5cm、幅3mmほどの線形の葉を対生。

夏に分岐した茎（花茎）の先に、5cmほどの花をまばらにつける。花色は淡紅色で、花びらは5枚。花びら先端が細かく裂けているのが大きな特徴だ。

ナデシコ科ナデシコ属　北海道・中部地方以北の本州／日本アルプス各地・八ヶ岳・谷川連峰・尾瀬など　15～30cm　7～8月

タカネマンテマ

南アルプスの一部でしか見られない、ナデシコ科の多年草。石の多い荒れ地などに生え、特異ながく筒が目立つ。

草丈は20cm未満。6cmほどの茎葉は倒披針形で、対生。

夏、茎（花茎）の先に濃緑色の脈のある釣鐘状にふくらんだがく筒の花をつける。小さく紅紫色をした花びらは5枚。横向きだったがく筒も、花が終わると上向きになる。

●ナデシコ科マンテマ属●南アルプス●10〜20cm●7〜8月

イブキジャコウソウ

山地〜高山帯の日当たりのよい岩場や草地に生えるシソ科の低木。

小さく密生する葉は卵形で、縁のギザギザはない。この葉がほのかな芳香を放つので、日本産タイムとも呼ばれている。

6〜8月、枝先に赤紫色の花を多数つける。花びら（花冠）は舌状で、上側は2つに、下側が3つに裂けて横に広がる。花が密につくために、群生した姿は美しい。

●シソ科イブキジャコウソウ属●北海道・本州・九州の山地〜高山帯／北アルプス・南アルプス・八ヶ岳・伊吹山・谷川連峰・尾瀬など●3〜15cm●6〜8月

シラネアオイ

関東地方の最高峰、日光白根山麓に多く自生し、花が薬用植物のタチアオイの花と似ていることからこの和名があるキンポウゲ科の植物。残雪期の沢沿いや林床に、白〜淡紅色のひときわ目立つ美しい花を咲かせる。

茎先に、手のひら状に深く切れ込んだ葉が２枚互生。縁はギザギザ。

４枚の花びらに見えるのはがく片で、花びらはない。低山にも生える。

●キンポウゲ科シラネアオイ属●北海道・中部以北の日本海側の山地〜亜高山帯／北アルプス・八ヶ岳・頸城山地・谷川連峰・奥日光・尾瀬など●30〜50cm ●5〜7月

アズマシャクナゲ

山地帯上部に自生する常緑低木。先端が尖った楕円形の葉はつやがあり、裏側には褐色の綿毛が密生する。

初夏、枝先に茎（花茎）を伸ばして、花びら（花冠）が５つに裂けた漏斗形の花を、10個ほどつける。

美しい淡紅色の花が、枝先にまとまって咲く姿は稜線沿いでは目立つ。

●ツツジ科ツツジ属●本州（宮城・山形県以南〜中部地方南部）の亜高山帯／八ヶ岳・奥多摩・奥秩父・谷川連峰・尾瀬など●2〜4m ●5〜6月

●分類 ●分布
●高さ ●開花時期

ガンコウラン

岩場や石の多い荒れ地で見られる常緑低木。

はうように枝を伸ばし、地表を覆う。5mmほどの大きさの葉は線形で、内側にそり返り、枝に密生。

初夏、葉のわきに小さな赤い花をつける。花が終わると目立つ黒い果実を結実。実は熟すと、甘酸っぱくておいしい。北欧ではクラウベリーの名で親しまれ、ジャムなどの食用に利用される。

●ツツジ科ガンコウラン属●北海道・中部地方以北の本州の高山帯／日本アルプス各地・八ヶ岳・奥志賀・至仏山・那須岳など●10〜15cm●5〜6月

クロマメノキ

高山の岩場や草地に生える落葉低木。別名アサマブドウと呼ばれるように、浅間山麓に自生。

つやのある倒卵形の葉は密になって枝に互生。秋には紅葉する。

初夏、枝先に赤みを帯びた壺形の花をつける。花が終わると結実し、熟すと甘くおいしい。

栽培種はブルーベリーの名で親しまれ、ジュースやジャム製品などに加工されている。

●ツツジ科スノキ属●北海道・中部地方以北の本州の高山帯／日本アルプス各地・八ヶ岳・浅間山・那須岳など●10〜100cm●6〜7月

コケモモ

高山の針葉樹林内や林縁に生える常緑低木。つやのある葉は楕円形で、縁のギザギザはない。

夏、枝先に花芽を出して、釣鐘形の花を下向きにつける。花びら（花冠）は４つに裂け、外側にいくらかそり返る。白または淡紅色の花は小さく、可憐だ。

秋に丸く赤い液果を結実、熟すと甘酸っぱい。果実はジュースやジャムの材料となる。

●ツツジ科スノキ属●北海道・本州・四国・九州の高山帯／富士山・日本アルプス各地・八ヶ岳・谷川連峰・尾瀬・那須岳など●10～20cm ●7～8月

シロウマアサツキ

北アルプスの白馬岳など、高山の草地や石の多い荒れ地に生えるユリ科ネギ属の多年草。平地に生えるアサツキの高山型で、ノビルにも近い。

筒状の細い葉は直径が2～3mmほど。夏に茎（花茎）の先に紅紫色の花を１輪開く。花被片（花びら・がく。区別できないときの総称）は細かく、葱坊主のように見える。和名は白馬岳葱平で多く見られることから。

●ユリ科ネギ属●北海道・中部地方以北の本州の高山帯／北アルプス・雨飾山・朝日連峰など●20～50cm ●7～8月

シモツケソウ

山地帯～亜高山帯の日当たりのよい草地や林縁に生える。葉は奇数羽状複葉で、頂小葉（先端の小葉）が大きく、手のひら状に裂けるのが特徴。縁はギザギザ。

夏、茎の先に淡紅色の径5mmほどの小さな花をまとめてつける。花びらは5枚。名前が似ているシモツケは低木。シモツケソウは草である。

●バラ科シモツケソウ属●関東以西の本州・四国・九州の山地～亜高山帯／富士山・日本アルプス各地・八ヶ岳・奥多摩・谷川連峰・奥日光・尾瀬など●30～80cm●7～8月

タカネザクラ

山地～亜高山帯の尾根沿いに生える落葉低木。別名ミネザクラ。

枝先につく葉は先端が細く尖り、5～10cmほどの楕円形。縁には細かなギザギザがある。

雪解けの頃、葉と同時に数輪まとまって淡紅色の花を開く。

葉・花の柄に毛が生えているのは変種のチシマザクラ。

●バラ科サクラ属●北海道・中部地方以北の本州の山地～亜高山帯／日本アルプス各地・八ヶ岳・谷川連峰・尾瀬・那須・蔵王など●2～5m●5～7月

ハクサンフウロ

亜高山帯～高山帯の草地に生え、群生することが多いため、登山道わきでよく見かける。胃薬となるゲンノショウコと同じフウロソウ属で、エゾフウロの変種。

草丈は50cmを超え、葉は手のひら状に深く裂けて分かれ、それぞれさらに細かく裂けている。

夏、茎先に淡紅色の花をつける。花びらは5枚あり、つけ根に白い毛が生えている。

●フウロソウ科フウロソウ属●中部地方以北の本州の亜高山～高山帯／日本アルプス各地・八ヶ岳・浅間山・谷川連峰・尾瀬・那須など●30～80cm●7～8月

ショウジョウバカマ

林縁や沢岸など、湿り気のある草地に生える。根元から生える根生葉は20cmほどの倒披針形。

雪解けとともに葉の間から茎（花茎）を伸ばし、ヒガンバナと似た小さな花を横向きにつける。花被片（花びら・がく。区別できないときの総称）は最初淡紅色ながら、花後もそのまま形が残って緑色の姿も見せる。種で殖える他、葉の先に芽を出して殖える性質がある。

●ユリ科ショウジョウバカマ属●北海道・本州・四国の山地～高山帯／日本アルプス各地・八ヶ岳・浅間山・谷川連峰・尾瀬・那須・蔵王など●10～30cm●4～6月

クルマユリ

亜高山帯〜高山帯の草地や草原に生えるユリ科ユリ属の多年草。

5〜10枚ほどの披針形の葉が輪生する。

夏、茎の先端に5cm前後の小型のユリの花をつける。色は橙色で、花びらには濃い朱斑点が散在。花弁は裏側に強くそり返るのも特徴だ。

和名は輪生する葉の様子からつけられたもの。

●ユリ科ユリ属●北海道・中部地方以北の本州の亜高山〜高山帯／富士山・日本アルプス各地・八ヶ岳・谷川連峰・尾瀬・那須・蔵王など●30〜100cm●7〜8月

ハクサンチドリ

亜高山〜高山の草地に生えるラン科の仲間。

倒披針形の葉は茎を抱く形で、5枚ほど互生。

6〜8月、茎の先に10輪以上の花をまとめてつける。花色は淡紅色が多いが、変化に富む。花は花被片（花びら・がく。区別できないときの総称）が重なり、それぞれ先端が尖る。その姿は千鳥が羽を広げたように見え、白山に多いことからこの名がついた。

●ラン科ハクサンチドリ属●北海道・中部地方以北の本州の亜高山〜高山帯／日本アルプス各地・八ヶ岳・谷川連峰・尾瀬・那須・蔵王など●10〜30cm●6〜8月

テガタチドリ

ハクサンチドリと同じ亜高山帯〜高山帯の草地に生育するラン科の仲間。別名チドリソウ。

茎に互生する葉は幅のある線形で、夏になると茎の先に小さな花がたくさん集まった穂状の花序を出す。開花した花は、ハクサンチドリの花を小さくしたような姿。色は淡紫色。

和名は千鳥が飛ぶ姿と似ていて、太い根が手の形をしているため。

●ラン科テガタチドリ属●北海道・中部地方以北の本州の亜高山〜高山帯／日本アルプス各地・八ヶ岳・奥多摩・谷川連峰・尾瀬・那須・蔵王など●30〜60cm ●7〜8月

ツルコケモモ

果実がコケモモの実に似た高山植物。湿原のミズゴケの中をつる状に枝を伸ばし、生育することからこの名がある。

茎に互生する葉は楕円形で、ギザギザはない。

初夏、枝先から花柄を数本伸ばし、淡紅色の花をつける。4つに裂けた花びら（花冠）はカタクリの花のようにそり返る。

果実は赤く熟し、クランベリージャムやジュースに利用される。

●ツツジ科ツルコケモモ属●北海道・中部地方以北の本州の亜高山〜高山帯／北アルプス・八ヶ岳・奥志賀・谷川連峰・尾瀬など●3〜5cm ●6〜7月

ヒメシャクナゲ

湿原に生える常緑低木。地下茎は湿原の中をはうように伸び、地上茎が直立して幅のある披針形の葉を互生。他のシャクナゲの仲間同様に、葉の縁が裏側に巻く。

初夏、枝先から花柄を2～10本ほど出し、それぞれ下向きに壺形の花をつける。花の色は淡紅色から紅紫色までさまざま。花びら（花冠）は浅く5つに裂け、先端がそり返る。可憐な姿・形だ。

ツツジ科ヒメシャクナゲ属 北海道・中部地方以北の本州の亜高山～高山帯／日本アルプス各地・八ヶ岳・谷川連峰・尾瀬・那須・蔵王など 10～25cm 6～7月

ヤマアジサイ

沢沿いに多いことからサワアジサイとも呼ばれるアジサイの仲間。山地ではごく普通に見られ、林内や沢沿いなど、湿った場所を好んで生える。

楕円形の葉の先端は細く尖り、縁はギザギザがある。入梅の頃、直径10cmほどの花をつける。花は中央の両性花とその周りを飾る装飾花からなり、装飾花の色は白～青、淡紅色と変化に富む。人気があり、園芸種も多い。

アジサイ科アジサイ属 関東以西の本州・四国・九州の山地／富士山・日本アルプス各地・八ヶ岳・丹沢・箱根・奥多摩・高尾山・奥武蔵・谷川連峰など 100～150cm 6～8月

アヤメ

主に山地の草地に生える、アヤメ科の多年草。アヤメは湿地に生えることはないので、湿地に生えるノハナショウブやカキツバタと似ている。

剣状の葉をもち、初夏に青紫色の花をつける。花は外花被片（花びら・がく。区別できないときの総称）、内花被片それぞれ3枚。外花被片のつけ根に、黄色がかった網目模様がある。

アヤメ科アヤメ属　北海道・本州・四国・九州の山地や丘陵地／富士山・日本アルプス各地・八ヶ岳・霧ヶ峰・志賀高原・奥多摩・高尾山など　30〜60cm　5〜7月

シャガ

神社の林や丘陵の林縁など、湿った場所を好んで群生するアヤメの仲間。各地に分布しているが、中国から渡来した帰化植物といわれている。剣状の葉は常緑で50cmほど。春、茎（花茎）を伸ばして淡紫色の花を開く。花は外花被片（花びら・がく。区別できないときの総称）、内花被片それぞれ3枚。外花被片の基部には黄色と紫色の美しい模様がある。

アヤメ科アヤメ属　本州・四国・九州の山地／丹沢・箱根・奥多摩・高尾山・奥武蔵など　50〜70cm　4〜5月

キキョウ

秋の七草のひとつで、日本人にはなじみ深い植物。日当たりの良い草原に生える。近年草原が減ったため絶滅危惧種にも指定されるようになってしまった。

葉は細長い卵形で直立する茎に互生。先端は尖り、縁はギザギザ。

夏から秋にかけて鐘形の花をつける。花色は青紫色で清楚。開くと星形に見える。生薬の一種。

●キキョウ科キキョウ属●北海道・本州・四国・九州の山地や丘陵地／富士山・八ヶ岳・丹沢・奥多摩・高尾山・榛名山など●50～100cm●7～9月

ツリガネニンジン

全国の低山や丘陵地に生え、愛らしい形の花をつける多年草。

1mほど伸びて直立する茎に、楕円形の葉を段を重ねて輪生状につける。縁にはギザギザがある。

秋口、茎の先に円錐の花芽を出し、釣鐘形をした青紫色の花を輪生してつける。下向きに咲き、先端は5裂してそり返る。めしべの花柱が、花びらより飛び出すのが特徴的だ。

●キキョウ科ツリガネニンジン属●日本全国の山地や丘陵地／富士山・日本アルプス各地・八ヶ岳・丹沢・箱根・奥多摩・高尾山・奥武蔵・谷川連峰など●30～100cm●8～10月

ヤマトリカブト

花の形が舞楽で使う鳥兜に似ていて、山地に生えることから名づけられたトリカブトの仲間。林内や林縁のやや湿った場所に自生する。

円形の茎葉は手のひら状に３〜５つに裂け、裂片はさらに細かく分かれるので細く見える。つやがあり、縁はギザギザ。

夏〜秋、茎の先に花柄を出して青紫色をした鳥兜形の花をつける。三大有毒植物の一種。

●キンポウゲ科トリカブト属●中部地方以北の本州の山地／富士山・日本アルプス各地・八ヶ岳・丹沢・箱根・奥多摩・高尾山・奥武蔵・谷川連峰など●80〜150cm●8〜10月

フデリンドウ

明るく、開放的な草地を好んで生えるリンドウの仲間。二年草。

根元から出る葉（根生葉）は見えず、茎には対生する卵形の葉をつける。ハルリンドウは根生葉がロゼット（放射）状に生えるのでよく目立つ。

春、茎の先端に青紫色の花をつける。大きさは2cmほど。花びら（花冠）は５つに分かれ、間には小片がある。花は晴天時だけ開く。

●リンドウ科リンドウ属●北海道・本州・四国・九州の山地や丘陵地／富士山・日本アルプス各地・八ヶ岳・丹沢・箱根・奥多摩・高尾山・奥武蔵・谷川連峰など●5〜10cm●4〜5月

エゾエンゴサク

主に中部地方以北の日本海側山地と北海道に自生。湿り気のある林下や林縁で見られ、群生することも。澄んだ青紫色の花が美しい。

3出複葉の茎葉は、小葉が楕円形。春に茎の先にまとめて花芽をつけ、筒形の花が開く。花の後部は距（花びらのつけ根にある突起）が伸び、前方は唇状に開く。キケマン属ながら無毒だ。

●ケシ科キケマン属●北海道・中部地方以北の本州の山地／北アルプス・南アルプス・谷川連峰・尾瀬など●10〜20cm ●4〜5月

ウツボグサ

山地〜丘陵地の草地やあぜ道など、開けた場所に生えるシソ科の仲間。

茎には披針形の葉が対生し、縁はギザギザ。

夏、花が穂状についた花芽（花穂）を茎先に伸ばし、青紫色の小さな花がたくさん開く。唇形の花は、花びら（花冠）の上側が兜状、下側は3つに分かれている。結実して褐色になった花穂は夏枯草という生薬になり、腎炎などに効果がある。

●シソ科ウツボグサ属●北海道・本州・四国・九州の山地や丘陵地／富士山・日本アルプス各地・八ヶ岳・丹沢・箱根・奥多摩・高尾山・赤城山・谷川連峰・尾瀬など●20〜30cm ●6〜8月

スミレ

スミレ科を代表する多年草。里山や丘陵地、場所によっては住宅地やあぜ道など、明るい場所を好んで生える。

葉は根元から生える根生葉。長い楕円形でつやがあり、縁はギザギザ。濃い緑色で葉柄は長い。

春に5枚の紫色の花びらをもった花をつけ、花びらの奥には長い距（突起）がある。

●スミレ科スミレ属●北海道・本州・四国・九州の山地や丘陵地／富士山・丹沢・箱根・奥多摩・高尾山・奥武蔵など●5〜15cm ●4〜5月

スミレサイシン

根をすって食べることからトロロスミレともいうスミレの仲間。林内や林縁の、薄日が差すような場所を好み、降雪量が多い日本海側に分布。

春の雪解けの頃に花茎を伸ばし、スミレの仲間としては大きめの花を1輪開く。色は品のある淡い青紫色で、距（花のつけ根の突起）は短い。

花に遅れて出る葉は葉柄の長い心形。先が尖っていて縁はギザギザ。

●スミレ科スミレ属●北海道・本州の山地／北アルプス・谷川連峰・越後三山・尾瀬など●10〜15cm ●4〜6月

タチツボスミレ

花の淡い青紫の色と丸みを帯びた形が特徴で明るい低山の林縁や、草地に生える。群生することが多く、スミレよりも普通に見られる。

春先に根元から出す根生葉は、長い柄をもつ心形。花が終わると茎が伸び、根生葉と似た心形の薄い茎葉を出す。

花は径 2 cm ほどで、距（花のつけ根の突起）は細い。赤みを帯びた花もあり、変化に富む。

●スミレ科スミレ属●日本全国の山地や丘陵地／富士山・日本アルプス各地・八ヶ岳・丹沢・箱根・奥多摩・高尾山・奥武蔵・谷川連峰など●5～20cm ●3～5月

マツムシソウ

草原に生えるマツムシソウ科の二年草。日本固有種で、秋の草原に咲く青紫色の花が美しい。

茎に対生する葉は羽状に裂け、細い葉がたくさんあるように見える。

夏の終わり頃から、茎の先端に花（頭花）をつける。外側の花びら（花冠）は裂けて縁を飾り、内側の小花が開くとおしべの長い花糸が目立つ。タカネマツムシソウは本種の高山型。

●マツムシソウ科マツムシソウ属●北海道・本州・四国・九州の山地／富士山・日本アルプス各地・八ヶ岳・霧ヶ峰・丹沢・箱根・奥多摩・高尾山・谷川連峰など●60～90cm ●8～10月

オオバギボウシ

ギボウシはつぼみの形が橋を飾る「擬宝珠」に似ていることから名づけられた多年草。湿った草地や水が滴る岩場に生える。

葉は根元から生える根生葉で卵形。葉脈が明確なため葉にしわが入る。

夏、茎（花茎）を出して、穂状に漏斗形の花をたくさんつける。花色は淡い紫色。

若芽は山菜のウルイ。毒草のコバイケイソウと間違えやすいので注意。

●ユリ科ギボウシ属●北海道・本州・四国・九州の山地／富士山・日本アルプス各地・八ヶ岳・丹沢・箱根・奥多摩・高尾山・奥武蔵・谷川連峰など●50〜100cm ●6〜8月

カキツバタ

丘陵地や山地の湿地に生えるアヤメの仲間。野生種は群生することが多く園芸品種もある。

葉は剣状に生え、つけ根は葉鞘となって茎をおさめる。先が尖り、先端が垂れることはない。

初夏、青紫色の大きめの花をつける。外花被片（花びら・がく。区別できないときの総称）、内花被片ともに３枚。外花被片中央には、白い筋が入るのが特徴だ。

●アヤメ科アヤメ属●北海道・本州・四国・九州の山地や丘陵地／北アルプス・南アルプス・八ヶ岳・霧ヶ峰・箱根・尾瀬など●40〜90cm ●5〜6月

サワギキョウ

湿原の木道沿いなどで目にすることが多い、キキョウ科の一種。ランのような形をした、美しい小さな花が咲く。

草丈は1mを超え、茎に柄のない披針形の葉が互生。先は尖り、縁には細かいギザギザがある。

標高の高い高原では8月の終わり頃から茎先に、3cmほどの花が開く。唇形状の花は上下に分かれた青紫色。鐘状のがくがある。

●キキョウ科ミゾカクシ属●北海道・本州・四国・九州の山地／日本アルプス各地・八ヶ岳・霧ヶ峰・武尊山・尾瀬・那須岳など●50〜100cm ●8〜9月

ノハナショウブ

花菖蒲園で見られるハナショウブの原種とされている。アヤメやカキツバタと似たアヤメ科で、湿地など湿った場所に生える。

葉は剣状でカキツバタよりは細い。葉の表面に盛り上がっている部分があるため、葉の断面は中央がふくらむのが特徴。

初夏、青紫色の大きめの花をつける。外花被片（花びら・がく。区別できないときの総称）つけ根に黄色い筋が走る。

●アヤメ科アヤメ属●北海道・本州・四国・九州の山地／富士山・北アルプス・南アルプス・八ヶ岳・霧ヶ峰・丹沢・箱根・奥多摩・赤城山・谷川連峰・尾瀬など●50〜100cm ●6〜7月

ハクサンシャジン

山野に自生し、山菜として利用されるツリガネニンジンの高山型。亜高山帯〜高山帯の草地や石の多い荒れ地に生える。

葉の形は幅のある披針形で、茎に4〜5枚が輪生してつく。縁はギザギザ。同じように花も茎の先端部に輪生し、下向きについて数段重なる。

花びら（花冠）は釣鐘形。先端が5つに裂け、花色は生育場所で濃淡が異なるが、ふつうは青紫色。

●キキョウ科ツリガネニンジン属●北海道・中部地方以北の本州の亜高山〜高山帯／北アルプス・白山・本白根山・谷川連峰・至仏山・那須岳など●30〜50cm ●7〜8月

イワギキョウ

高山の登山道わきの岩場で見られるキキョウの仲間。根元から生えるへら形の根生葉は束になって生え、縁はギザギザ。茎につく葉は披針形で互生。

花期は7〜8月で、花茎を伸ばして斜め上向きに花を1輪つける。花色は青紫色。花びら（花冠）は5つに裂け、先端がそり返った釣鐘形だ。よく似ているチシマギキョウは成育環境や花びらの有無で見分けがつく。

●キキョウ科ホタルブクロ属●北海道・中部地方以北の本州の高山帯／日本アルプス各地・八ヶ岳・白山・日光白根山・飯豊山など●5〜10cm ●7〜8月

●分類　●分布
●高さ　●開花時期

チシマギキョウ

高山の小石や岩の多い地に生える多年草。イワギキョウに似ているが、生育環境が異なる。根元から生える葉（根生葉）は倒披針形。光沢があり、縁に細かなギザギザがある。茎葉はまばらで小さい。夏、茎の先端に青紫色の花を１輪横向きにつける。花びら（花冠）の先は５裂した釣鐘形だ。

本種は花びらに白い毛が生え、がく片が三角形だが、イワギキョウは無毛でがく片は披針形。

●キキョウ科ホタルブクロ属●北海道・中部地方以北の本州の高山帯／日本アルプス各地・八ヶ岳・南蔵王・朝日連峰など●5〜10cm●7〜8月

ミヤマオダマキ

人気のある高山植物の一つ。石や岩場の多い荒れ地に生え、栽培種のオダマキによく似ている。

根元から生える葉（根生葉）は２回３出複葉で小葉は深く裂けた扇形。草丈 20cm ほどになる。

青紫色の花びらのように見えるのはがく片で、笠のような形でつく。花びらは白く、内側に集まって距（花びらのつけ根が袋状になった突起）につながっている。

●キンポウゲ科オダマキ属●北海道・中部地方以北の本州の高山帯／日本アルプス各地・八ヶ岳・浅間連峰・谷川連峰・日光白根山など●10〜25cm●6〜8月

ホソバトリカブト

亜高山帯〜高山帯の草地に生えるトリカブトの仲間。草茎は1mを超え、円心形をした葉を互生する。葉は柄のつけ根まで深く裂け、その裂片がさらに裂けているため、和名の由来となった細い葉に見える。夏から秋にかけて青紫色の花を数輪つける。

トリカブトの分類は難しいが花柄の開出毛の有無が重要。ホソバトリカブトにはある。鳥兜の形も区別点の一つ。

●キンポウゲ科トリカブト属●中部地方以北の本州の亜高山〜高山帯／富士山・日本アルプス各地・八ヶ岳・谷川連峰・日光白根山など●40〜100cm ●8〜9月

ウルップソウ

園芸植物のように見えるウルップソウ科の高山植物。石の多い湿った荒れ地に生える。

幅のある卵形の葉は肉質で、縁には細かなギザギザがある

夏、たくさんの花をつけた花芽（花穂）を伸ばして花を開く。花色は青紫色で、花びらの下側が3裂して先が尖る。

和名は最初に発見されたウルップ島にちなんでつけられたもの。

●ウルップソウ科ウルップソウ属●北海道・本州の高山帯／北アルプス北部・八ヶ岳など●15〜30cm ●7〜8月

クガイソウ

葉の輪生が何段もの層（蓋・階＝がい）になって生える姿から九蓋（階）草と名づけられた高山植物。日当たりのよい草地を好んで生える。

まっすぐ伸びた茎には広披針形の葉が輪生。この層が数段重なる。

多くの植物が花期を迎える夏、茎の先端に10〜20cmほどの穂を出して、青紫色の小さな花がたくさん開く。花びらは筒状で先が裂けている。

●ゴマノハグサ科クガイソウ属●本州の山地〜亜高山帯／日本アルプス各地・八ヶ岳・浅間連峰・奥多摩・谷川連峰・尾瀬など●80〜120cm ●7〜8月

ミヤマクワガタ

深山に棲む昆虫と同名の高山植物。近縁属のキクバクワガタの近縁種で、石の多い荒れ地に生える。

根元にロゼット（放射）状に出た葉はへら形。先が尖り、縁はギザギザ。

夏に茎（花茎）を出して先にたくさんの花を横向きにつける。花びらは淡青色で、不規則な赤紫色の筋模様が入る。

おしべとめしべが、花びらの外側に飛び出しているのも特徴的だ。

●オオバコ科ルリトラノオ属●中部地方以北の本州の高山帯／日本アルプス各地など●10〜15cm ●6〜8月

ミソガワソウ

　木曽川源流部の川名がついた高山植物で、草地や林縁に生えるシソ科イヌハッカ属の多年草。イヌハッカとは、キャットニップの名で知られるハーブの一種。

　まっすぐに伸びた茎には、幅のある披針形の葉が対生につく。縁はギザギザ。

　夏、茎先に淡紫色で唇形の花を数輪つける。上側は２つに裂け、下側は３つに分かれ、中央には紫色の斑点がある。

●シソ科イヌハッカ属●北海道・中部地方以北の本州・四国の山地〜亜高山帯／日本アルプス各地・八ヶ岳・白山・谷川連峰・那須岳●50〜100cm●7〜9月

タカネグンナイフウロ

　高山植物としてよく知られるハクサンフウロと同じ、フウロソウ科の仲間。山地に生えるグンナイフウロの高山型で、花が大きく、花色も濃い。

　茎には立ち上がるように生える毛（開出毛）がつき、手のひら状に裂けた大きな葉をつける。葉の裂片はさらに裂けて、縁はギザギザ。

　夏、茎の上部が枝分かれし、濃い紫色の花をつける。花びらは５枚。

●フウロソウ科フウロソウ属●本州（中部地方）の亜高山〜高山帯／富士山・南アルプス・中央アルプス・八ヶ岳・浅間連峰・日光白根山など●30〜50cm●7〜8月

タカネマツムシソウ

高山の草地などに生えるマツムシソウの仲間。山地に秋を告げるマツムシソウの高山に適応した変種で、別名ミヤママツムシソウともいう。

根元から生える長い柄をもった根生葉と茎葉がそれぞれ羽状に裂ける。

秋口にかけ、花柄の先に１輪の頭花をつける。青紫色の花は、外側についている花びら（花冠）が先に開き、遅れて中央の小さな筒状花が咲く。

●マツムシソウ科マツムシソウ属●中部地方以北の本州・四国の高山帯／北アルプス・南アルプス・浅間連峰・白山・谷川連峰など●30〜40cm●8〜9月

ヒオウギアヤメ

湿原や草地に生えるアヤメ科の湿性植物。花がアヤメに、葉が檜扇（檜の薄板を重ねた扇）に似ているところからこの名がある。葉は幅のある剣状で、幅は2cmほど。夏に茎を伸ばして、紫色の花が開く。円形に近い外花被片（花びら・がく。区別できないときの総称）は３枚あり、アヤメとよく似た黄色い網目模様が入り、目立つ。アヤメと違い内花被片は短い。

●アヤメ科アヤメ属●北海道・中部地方以北の本州の亜高山帯／北アルプス・谷川連峰・尾瀬など●60〜70cm●7〜8月

ミヤマアケボノソウ

センブリの仲間と似た5裂する花びらが特徴の多年草。湿原の周辺などで見られる。

根元から出る広卵形の葉（根生葉）が目立つ。卵形の小さな茎葉は対生するが、まばらだ。

秋口、茎の先に花芽を出し、2cm ほどの暗い紫色をした花をつける。花びら（花冠）は5枚に裂けて、先端は尖った披針形。花びらには濃い紫色の脈と細かい点がある。

●リンドウ科センブリ属●北海道・中部地方以北の本州の高山帯／日本アルプス各地・八ヶ岳など●15〜30cm ●8〜9月

オヤマリンドウ

亜高山帯の湿原や草地に生える、リンドウの仲間。エゾリンドウとよく似ているがより小型。日本固有種。長くて50cm ほど伸ばした茎に、披針形の葉が対生。夏から秋にかけ、茎先や葉のわきに上向きに花をつける。青紫色の花は3cm ほど。花びらはほとんど開かない。山地に生えるよく似たエゾリンドウは、草丈80cm 近くになり、生育地も大きく異なる。

●リンドウ科リンドウ属●本州（東北南部〜中部地方）・四国の亜高山帯／石鎚山・日本アルプス各地・浅間連峰・白山・妙高山・谷川連峰・尾瀬・那須岳など●20〜60cm ●8〜9月

タテヤマリンドウ

初夏の高山で花が見られる小型のリンドウ。高層湿原や湿地に生える。

根のつけ根にロゼット（放射）状に出す根生葉は卵形。茎葉は小さな披針形で、茎に寄り添うようについている。

夏、茎先に鐘形の花を1輪開く。花びらの先端は5裂。その間に副片があるので10裂したように見えるのが特徴だ。

和名は立山に多いことからで、白花もある。

●リンドウ科リンドウ属●北海道・中部地方以北の本州の高山／日本アルプス各地・谷川連峰・日光白根山・尾瀬など●5〜10cm ●6〜8月

キソチドリ

亜寒帯針葉樹林内で黄緑色の小さな花をつけるランの仲間。木曽で発見され、花が千鳥に似ているためこの名がある。

葉は大きな楕円形で、茎を抱くように茎の下部につき、上部には小型の茎葉が数枚つく。

夏、茎の先端に穂状に花芽を出し、10個ほどの花をつける。花は唇形で、10mほどの距（花びらのつけ根にある突起）は下向きだ。

●ラン科ツレサギソウ属●中部地方以北の本州の亜高山帯／富士山・日本アルプス各地・八ヶ岳・谷川連峰など●15〜30cm ●7〜8月

シロウマチドリ

高山帯の限られた地域に分布する、ラン科ツレサギソウ属の仲間。高山の草地に自生し、比較的大きくなるため目立つ。

太めの茎に長楕円形の葉が互生。葉のつけ根は鞘状におさまる。

夏期、茎の先端に穂状に花をつける。花色は黄緑色で唇形。距（花びらのつけ根にある突起）は小さく、下向きだ。

和名は白馬岳周辺でよく見られることから。

●ラン科ツレサギソウ属●北海道・本州の高山帯／北アルプス・南アルプスなど●25～60cm●7～8月

クロユリ

草地に生える野草で、直立する茎に披針形の葉が輪生。輪生は数段重なる。夏、茎の先に数輪、濃い茶色の花を下向きにつける。花被片（花びら・がく。区別できないときの総称）は6枚。

高山に生えるためミヤマクロユリともいい、染色体は2倍体（染色体を2組もつ）。北海道の平地に生えるクロユリは3倍体で、エゾクロユリと分類することも。

●ユリ科バイモ属●北海道・中部地方以北の本州の亜高山～高山帯／日本アルプス各地・白山など●10～50cm●6～8月

●分類　●分布域／自然林・天然記念物林分布山岳域
●樹高　●花期　●用途

スギ

青森県から鹿児島県の屋久島まで自生する。日本固有種。

太平洋側に分布するスギと、日本海側に自生するアシウスギの２種が知られる。谷筋を好み、全国の丘陵地や森林で、植林がおこなわれた。

成長した木は褐色の樹皮をもち、縦に裂けるのが特徴。１年目の枝先に鎌形に湾曲した葉が、螺旋状に枝に互生する。花粉はアレルギー反応を起こす場合がある。

●スギ科スギ属●本州・四国・九州の山地や丘陵地／富士山・北アルプス・高尾山など●20～50m●３～４月●建築材・器具材

ヒノキ

高級建築材として使われる。成長に光を必要とするため、谷筋にはスギ、日の当たる尾根筋にはヒノキが植えられる。

鱗片状の葉が枝に密着し、葉裏にはＹ字形の白い線（気孔線）がある。ヒノキ科のサワラはこの気孔線がＸ字形。

樹皮は縦に裂け、赤褐色。雌花の後の球果は秋に赤褐色に熟す。花粉アレルギー反応あり。

●ヒノキ科ヒノキ属●東北南部以西の本州・四国・九州の山地／富士山・南アルプス・中央アルプスなど●20～30m●３～４月●建築材・器具材・庭木

アカマツ

潮風に強く、海辺に多く自生するクロマツに対し、アカマツは内陸の山地や丘陵地に生えて、寒さに強い。樹高が30m前後になる常緑針葉樹。

樹皮は、和名の由来となった赤い褐色で、鱗状にはがれる。葉はつけ根が鞘におさめられた2枚の針形。

斜めに伸びた枝の先につく雌花は4～5月には開花し、翌年の秋に成熟する。雌雄同株で雌雄異花。

●マツ科マツ属●北海道・本州・四国・九州の山地や丘陵地／富士山・飯縄山・南アルプス・八ヶ岳・浅間連峰・高尾山など●30～50m●4～5月●建築材・薪材・庭木

ゴヨウマツ

稜線の崖の上などに生えるマツの仲間。盆栽などに利用されるので日本人にはなじみ深いが、樹高は30mを超えるものもある。別名ヒメコマツともいう。

褐色の樹皮は鱗片状に裂ける。葉は針形で、5cm前後。葉の裏に白色の気孔体があるため白っぽく見える。枝の1ヶ所から5枚の葉が出ることが、和名の由来。雌雄同株で雌雄異花。

●マツ科マツ属●本州・四国・九州の山地／富士山・日本アルプス各地・八ヶ岳・浅間連峰・谷川連峰・尾瀬など●15～20m●5～6月●建築材・盆栽・器具材

●分類 ●分布域／自然林・天然記念物林分布山岳域
●樹高 ●花期 ●用途

オオシラビソ

日本海側の森を中心とした多雪地帯に分布するモミ属の仲間。高木ながら、過酷な風雪環境下では小型が多い。別名アオモリトドマツ。

灰褐色の樹皮をもち、枝から平たい針形の葉を交互に出す。葉の裏は気孔線があるため白い。

秋に青紫色の球果が成熟。上から見ると、シラビソは枝がはっきり見えるのに対し、本種は枝が葉に隠れる。

●マツ科モミ属●中部地方以北の本州の亜高山帯／富士山・北アルプス・南アルプス・八ヶ岳・浅間連峰・谷川連峰・尾瀬・蔵王など●20～25m●6月●建築材・パルプ材

モミ

モミ属の中でも暖かい地方に生え、常緑広葉樹と混生する地域もある。

褐色の樹皮は細かな鱗片状にはがれる。針形の葉は先が2裂、成木では先が丸まる。

球果は秋には灰褐色に成熟し、鱗片を脱落させて種を周囲に落とす。

よく似たウラジロモミは、標高が高いところに生え、葉裏に2本の目立つ白い気孔線があるので見分けられる。

●マツ科モミ属●秋田県以西の本州・四国・九州の山地や丘陵地／富士山・日本アルプス各地・八ヶ岳・丹沢・奥多摩・高尾山・筑波山など●20～30m●5月●建築材・板塔婆材

ハイマツ

日本アルプスなど高山の山歩きでは、登山客になじみ深い低木。中部山岳地帯では、森林限界上部ではハイマツ帯とも呼んでいる。

名前通り、樹形がはっているように見えるマツで、弾力のある枝はよく伸び広がり、ライチョウの巣となることも。樹皮は灰褐色で、5本の針形の葉が束生。本年枝の雌花は翌年秋に成熟する。

●マツ科マツ属●北海道・中部地方以北の高山帯／日本アルプス各地・八ヶ岳・奥秩父・尾瀬など●1～2m●6～7月●盆栽・庭木

カラマツ

常緑が多い針葉樹の中では、数少ない落葉針葉樹。春の芽吹き、秋の紅葉の美しさはみごと。

亜高山帯の日当たりのよい斜面に自生。樹高が20mを超える高木で、和名は唐松・落葉松。

樹皮は灰褐色で、針形の葉は本年枝の長枝に螺旋状に出る葉と、古い長枝先に出た短枝に車状に束生する2種類がある。春に咲いた雌花は秋に成熟し、種が落ちる。

●マツ科カラマツ属●東北南部～中部地方の山地～亜高山帯／富士山・北アルプス・南アルプス・八ヶ岳・奥日光など●20～30m●5月●建築材・器具材

●分類 ●分布域／自然林・天然記念物林分布山岳域
●樹高 ●花期 ●用途

クスノキ

鎮守の森の代表樹種。太平洋岸に自生する暖地性の常緑広葉樹で、九州にわずかながら天然林が残っている程度。中には樹高30m、幹周りが24mにもなる大木も。

卵形をした5cmほどの葉にはつやがあり、目立つ3本の葉脈が縦に走る。樟脳を採るだけに、葉を傷つけると樟脳の香りがする。初夏、葉のつけ根から花芽を出し、黄色い両生花を開く。

●クスノキ科ニッケイ属●関東地方以西の本州・四国・九州の平地～丘陵地／大森岳(宮崎県)・立花山(福岡県)など●20～30m●5～6月●家具材・街路樹・樟脳の材料

タブノキ

太平洋沿岸の低山や丘陵地に生えるクスノキ科の常緑広葉樹。庭木としても植えられ、大木に成長する。別名イヌグス。

葉は革質で硬く、楕円形の葉を枝先に束にして出す。つやもあり、大きさは10cm前後。

新しい葉と、同時に花芽をつける花は黄緑色をした小さな花。

花が終わると結実し、実は盛夏に黒く熟す。

●クスノキ科タブノキ属●本州・四国・九州・沖縄の平地～丘陵地／丹沢・高麗山(神奈川県)・鎌倉アルプス・奥多摩・高尾山・奥武蔵など●20～30m●4～6月●建築材・庭木・公園樹

●分類 ●分布域／自然林・天然記念物林分布山岳域
●樹高 ●花期 ●用途

シラカシ

山地に生えるブナ科コナラ属の常緑広葉樹。園地に植えられ、ドングリの木としてなじみ深い。

灰褐色の樹皮は硬く、細かな縞模様がある。葉の先は尖り、つやのある披針形の葉を互生。葉の裏がいくらか白みを帯び、縁はギザギザ。

雌雄同株で、春に雄花を穂状につけ、雌花は葉のわきにつける。秋にはどんぐりとなる堅果が結実。

●ブナ科コナラ属●東北南部以南の本州・四国・九州の山地／御坂山塊・丹沢・箱根・高尾山・元清澄山(千葉県)●15～20m●4～5月●街路樹・庭木・器具材

スダジイ

太平洋側は福島県、日本海側は新潟県以西の山地に生える常緑広葉樹。暖地性の常緑広葉樹林を構成する代表的樹種。

黒褐色の樹皮は粗く、老木には縦に裂け目が入る。互生する葉は楕円形で先が細く尖る。葉の上半分の縁はギザギザ。

初夏、雌花は葉のわきから、雄花は枝下から黄色い穂状の花を開く。堅果は翌年秋に成熟、おいしい。

●ブナ科シイノキ属●東北南部以南の本州・四国・九州の山地／丹沢・箱根・高尾山・奥武蔵・黒崎高尾(御蔵島)・鎌倉アルプス・鋸山など●15～20m●5～6月●街路樹・庭木・器具材

イロハカエデ

平地や低山に生える落葉広葉樹。秋に紅葉する代表樹種で、庭園によく植えられ、身近な存在だ。別名イロハモミジ。

樹皮は灰褐色。対生する葉は手のひら状に深く裂けて、縁には細かなギザギザがつく。

春、新しい枝の先に花芽を出し、赤色をした花を下向きにつける。秋にはつばさをもった翼果が結実。実は風に乗って飛散し、増える。

●カエデ科カエデ属●本州・四国・九州の山地や丘陵地／富士山・日本アルプス各地・八ヶ岳・丹沢・箱根・奥多摩・高尾山・奥武蔵・谷川連峰など●10〜15m●4〜5月●庭木・器具材

ハウチワカエデ

山地に生えるカエデの仲間。若木の枝は赤みを帯び、老木の樹皮は裂けて鱗片状にはがれる。

葉はイロハカエデよりは大きく、手のひら状に深く裂け、10枚ほどの裂片になる。縁は細かなギザギザ。葉の形が似ているオオイタヤメイゲツと比べて柄は短い。

春、枝先に花芽を出して、下向きに赤紫色の花を開く。秋に結実する実は風に乗って散る翼果。別名メイゲツカエデ。

●カエデ科カエデ属●北海道・本州／富士山・日本アルプス各地・八ヶ岳・丹沢・箱根・奥多摩・谷川連峰・尾瀬など●5〜10m●4〜5月●庭木・器具材

●分類 ●分布域／自然林・天然記念物林分布山岳域
●樹高 ●花期 ●用途

カツラ

山地の谷沿いや湿った場所に生える落葉広葉樹。同じ根から何本もの幹が出て株立ちをするため、幹周りが20mを超えるものもある。

樹皮は灰褐色。老木は縦に裂ける。葉がつく枝には長枝と短枝があり、長枝には葉が対生、短枝には1枚つく。葉はハート形。雌雄異株。

葉の芽吹き前に、がくも花弁もない小さな花をつけ、秋には黄葉する。

●カツラ科カツラ属●北海道・本州・四国・九州の山地／富士山・日本アルプス各地・八ヶ岳・丹沢・箱根・奥多摩・高尾山・谷川連峰・尾瀬など●20～30m●4月●建築材・家具材・器具材・街路樹

シラカバ

白い樹皮がまぶしい落葉広葉樹。山地～亜高山の明るい斜面に生え、崩壊跡などに進出し、安定した環境をつくる。

卵形の葉は短枝に2枚つき、長枝に互生。雄花の穂は垂れ下がり、雌花は上向きにつく。白い樹皮が薄くはがれるためカバ細工などに使われ、着火剤にもなる。花粉はアレルギー反応の原因となることも。別名シラカンバ。

●カバノキ科カバノキ属●北海道・中部以北の本州の山地／富士山・日本アルプス各地・八ヶ岳・丹沢・箱根・奥多摩・谷川連峰・奥日光・尾瀬・赤城山など●20～30m●4～5月●街路樹・器具材・細工材

●分類 ●分布域／自然林・天然記念物林分布山岳域
●樹高 ●花期 ●用途

ダケカンバ

山地帯上部から亜高山帯まで日当りの良いところに生える落葉広葉樹。よく似たシラカバより標高の高さで棲み分けるが、北海道ではシラカバと混生することも。

若木の樹皮は褐色でつやがあり、横に薄くはがれる。葉は長枝に互生、短枝に２枚つき、卵形。

黄色の雌花の穂は短枝の先に上向きにつき、雄花の穂は長枝の先から垂れ下がる。

●カバノキ科カバノキ属●北海道・近畿以北の本州・四国の山地～高山帯／富士山・日本アルプス各地・八ヶ岳・奥多摩・谷川連峰・奥日光・尾瀬など●10～15m●5月●器具材・家具材・銘木材

ミヤマハンノキ

亜高山帯～高山帯に生える。日本では北海道から本州（白山以北、鳥取県大山）に分布する。樹皮は暗褐色でなめらか。円形に近い卵形の葉が互生し、葉の先端は尖る。縁には細かなギザギザがある。

初夏、葉の新芽とともに雄花の穂が枝先から垂れ下がり、雌花の穂が枝先に上向きにつく。熟した果穂（穂状に集まった果実）はマツカサに似ていて、種子を飛散する。

●カバノキ科ハンノキ属●北海道・中部以北の本州の亜高山～高山帯／富士山・日本アルプス各地・八ヶ岳・丹沢・奥多摩・谷川連峰・尾瀬など●5～6m●5～7月●なし

●分類　●分布域／自然林・天然記念物林分布山岳域
●樹高　●花期　●用途

サワグルミ

直立するみごとな樹形のサワグルミ属の一種。樹皮は灰褐色で、葉は大きな奇数羽状複葉。小葉は長卵形で先端は尖り、縁にはギザギザがある。

初夏、新枝の先に雌花の穂が垂れ下がり、つけ根には黄緑色の雄花の穂がつく。秋には果穂が成熟、翼のある堅果は風で飛散する。クルミの名前がついているが、食用となるのはクルミ属のオニグルミの実だ。

●クルミ科サワグルミ属●北海道南部・本州・四国・九州の山地／日本アルプス各地・八ヶ岳・丹沢・奥多摩・谷川連峰・尾瀬など●30m ●4〜6月●建築材・器具材

トチノキ

栃餅で知られる落葉広葉樹。ブナなどと豊かな生態系を誇る落葉広葉樹林をつくる。

幹が太くなると灰褐色の樹皮は不規則に割れ、はがれ落ちる。枝先に集まってつく葉は手のひらの形をした複葉で、小葉は5〜7枚。

入梅の頃、枝先から花芽を出し、クリーム色の両性花を多数つける。秋に成熟する実はクリの実と似た光沢のある赤褐色。

●トチノキ科トチノキ属●北海道・本州・四国・九州の山地／日本アルプス各地・八ヶ岳・奥多摩・谷川連峰・奥日光・尾瀬など●20〜30m ●5〜6月●家具材・街路樹・器具材

●分類　●分布域／自然林・天然記念物林分布山岳域
●樹高　●花期　●用途

ケヤキ

建築材や家具、食器などに使われ、街路樹にも植えられる、暮らしには欠かせない落葉広葉樹。

灰褐色の樹皮は古木になると裂け、薄くはがれ落ちる。新年枝に互生する葉は卵形で長さ５～８cmほど。先端が尖り、縁にはギザギザがある。

春に葉のつけ根の横から黄緑色の雄花を、先端からは雌花を出す。秋に結実する果実は球形。紅葉が美しい。

●ニレ科ケヤキ属●本州・四国・九州の山地／富士山・日本アルプス各地・八ヶ岳・丹沢・箱根・高尾山・奥多摩●20～30m●4～5月●建築材・家具材・器具材・街路樹・公園樹

ヤマザクラ

低山から山地まで、春の山を美しく彩るサクラの仲間。花見ばかりでなく、昔から家具材や細工材として利用されてきた有用樹だ。樹皮は紫褐色で、横に皮目（植物体内の通気をする器官でしわ状）が走る。楕円形の葉は10cm前後で互生。先が尖り、縁はギザギザ。葉が開くと同時に花が開くが、花の色は白～淡紅色と変化に富んでおり、開花の始めと終りでも色の変化がある。

●バラ科サクラ属●東北地方以西の本州・四国・九州の山地／富士山・日本アルプス各地・八ヶ岳・丹沢・箱根・奥多摩・高尾山・奥武蔵・谷川連峰など●15～25m●3～4月●家具材・器具材・細工材

クリ

食べておいしい、食材となる実をつけるブナ科クリ属の落葉広葉樹。

樹皮は灰褐色。葉は幅が狭い長楕円形で先端は尖り、縁はギザギザ。新芽の頃は柔らかかった葉も、開花時期には濃い緑色で、つやも出てくる。

入梅の頃、黄色い雄花の穂を斜め上向きに、雄花の下に雌花の穂を下げる。食用となる実はトゲのあるイガに包まれ、落ちて飛び散る。

●ブナ科クリ属●北海道・本州・四国・九州の山地／富士山・日本アルプス各地・八ヶ岳・丹沢・箱根・奥多摩・高尾山・奥武蔵・谷川連峰など●15～20m●6～7月●建築材・庭木

コナラ

ドングリの林の中心的な樹種で、シイタケの原木や炭材に昔から利用されている。

縦に裂け目が入る樹皮は灰褐色。枝には倒卵形の葉が互生する。葉は先が尖っていて、縁に浅い波状のギザギザがある。

春に葉の芽吹きとともに開花。雄花は本年枝のつけ根、雌花は枝の上部の葉のわきにつく。秋には堅い殻のドングリが熟すが、食用不適。

●ブナ科コナラ属●北海道・本州・四国・九州の山地や丘陵地／富士山・日本アルプス各地・八ヶ岳・丹沢・箱根・奥多摩・高尾山・奥武蔵・筑波山・谷川連峰・尾瀬など●15～20m●4～5月●建築材・薪炭材・シイタケのほだ木材

●分類　●分布域／自然林・天然記念物林分布山岳域
●樹高　●花期　●用途

ミズナラ

ブナと同様、山地の落葉広葉樹林を形づくる中心的な樹種の一つ。

灰褐色の樹皮は縦に裂け、薄くはがれる。葉は倒卵形で、コナラよりも大きく、柄が短い。縁は波形の粗いギザギザ。

開花時期の初夏、小花をつけた雄花の穂が新枝の葉のわきから垂れ下がり、雌花をつけた穂は枝の上部につく。秋には椀形の殻斗をかぶった、大きめのドングリが熟す。

●ブナ科コナラ属●北海道・本州・四国・九州の山地や丘陵地／富士山・日本アルプス各地・八ヶ岳・丹沢・箱根・奥多摩・高尾山・奥武蔵・谷川連峰・尾瀬など●25～35m●5月●建築材・薪炭材・シイタケやナメコのほだ木材

ブナ

温帯林を構成する代表的な樹種。これ以上樹種が変更しない極相林をつくる。世界文化遺産の白神山地は、ブナの極相林が山肌を覆う。

灰白色の樹皮はなめらかで、地衣類がついて斑模様に見える。互生する葉は倒卵形で、縁には波状のギザギザがある。

葉の新芽と同時に開く花は、雄花が今年枝に下向きにつき、雌花は枝上部に2つ上向きに開く。

●ブナ科ブナ属●北海道・本州・四国・九州の山地／白神山・富士山・日本アルプス各地・八ヶ岳・丹沢・箱根・奥多摩・高尾山・筑波山・谷川連峰・尾瀬など●25～30m●5～6月●建築材・器具材・パルプ材

ミズキ

主に渓流沿いの斜面に生える落葉広葉樹。水を大量に吸い、樹液を多く含むためこの名がある。

楕円形の大きめの葉を枝先にまとまって出し、枝に互生。縁にギザギザはなく、先端が尖る。

葉が出そろい、葉の色が濃い緑色になる初夏、白い小さな花がまとまって咲く。花色は白色。秋には小さな果実が黒く熟す。

●ミズキ科ミズキ属●北海道・本州・四国・九州の山地／富士山・日本アルプス各地・八ヶ岳・丹沢・箱根・奥多摩・高尾山・奥武蔵・谷川連峰・尾瀬など●10～20m●5～6月●建築材・器具材・細工材

シオジ

トチノキやカツラ、サワグルミ、ヤチダモなどと同じ、山地の渓畔林を構成する落葉広葉樹。登山道わきで見られる、まっすぐな樹形は美しい。

樹皮は灰白色。羽状複葉の小葉は卵形で縁はギザギザ。柄のつけ根全体がふくらみ、枝を抱く。

初夏、葉のわきから花芽を出し、小さな花を開く。ヤチダモ同様、木目が美しいため伐採され、自然林は減っている。

●モクセイ科トネリコ属●関東地方以西の本州・四国・九州の山地／中央アルプス・丹沢・奥多摩・奥秩父など●20～35m●5～6月●建築材・家具材

ケショウヤナギ

北海道の日高・十勝地方の川、長野県上高地の梓川（中ノ瀬園地～横尾間）など、限定された川の岸辺に自生するヤナギの仲間。若木の枝が白く化粧したように見えることからこの名がついた。

若木の幹は白色で、枝は赤色。成木になると灰褐色になり縦に割れる。倒披針形の葉は互生。

雌雄異株で葉の芽吹きとともに、垂れ下がる黄色い花をつける。

●ヤナギ科ヤナギ属●北海道道南・道東地方と北アルプスに隔離分布／北海道の日高地方、十勝地方・長野県上高地●20～25m●4～5月●器具材他

ネコヤナギ

日の当たる川岸に生えて、花が春の訪れを告げる落葉広葉樹。花穂がネコの尻尾に似ていることからこの名前がついた。

葉は楕円形で互生。葉の芽吹きよりも早く開花し、他のヤナギと同様に雌雄異株。葯《やく》が赤く、黄色い花粉をつけたのが雄花、黄色く短いめしべが集まったのが雌花。

雌花は初夏に結実、熟すと綿毛に包まれて種を飛ばす。

●ヤナギ科ヤナギ属●北海道・本州・四国・九州の山地や丘陵地／日本アルプス各地・丹沢・箱根・奥多摩・高尾山・奥武蔵など●1～3m●3～4月●庭木・生け花材

●分類 ●分布域／自然林・天然記念物林分布山岳域
●樹高 ●花期 ●用途

ヤマウルシ

まだ緑の多い秋の林でひときわ紅葉が目立つウルシの仲間。

灰褐色の樹皮は縦に皮目（植物体内の通気器官でしわ状）が入る。枝に大きい奇数羽状複葉が互生、小葉は楕円形だ。

雌雄異株。初夏、葉のわきから花芽を出し、黄緑色をした細かな花をつける。秋、雌株は堅い果実（核果）を結実。

皮膚に触れるとかぶれることもあるので注意。

●ウルシ科ウルシ属●北海道・本州・四国・九州の山地／富士山・日本アルプス各地・八ヶ岳・丹沢・箱根・奥多摩・高尾山・谷川連峰・尾瀬など●3～8m●5～6月●細工材

タラノキ

葉の新芽が山菜の「タラノメ」として利用される落葉広葉樹。林縁や明るい斜面などを好んで生え、全国に分布する。

樹皮は灰褐色。鋭いトゲをもち、大きな奇数2回羽状複葉を出す。小葉は卵形で、縁にはギザギザがある。葉柄はふくらんで枝を抱く。

盛夏に大きな花芽を出し、たくさんの白い花が開く。秋には液果が結実し、黒く熟す。

●ウコギ科タラノキ属●日本全国の山地や丘陵地／富士山・日本アルプス各地・八ヶ岳・丹沢・箱根・奥多摩・高尾山・奥武蔵・谷川連峰・尾瀬・那須岳・蔵王など●3～5m●8～9月●器具材・山菜

●分類 ●分布域／自然林・天然記念物林分布山岳域
●花期 ●用途

アケビ

葉の新芽と秋になる実がおいしいつる性落葉広葉樹。明るい林内や日が当たる林縁に生える。

互生する葉は手のひら状に小葉がつく複葉で、楕円形の小葉は5枚。

新芽が開いた頃、葉の間から花芽を出し、赤紫色の小さな花をつける。

秋に10cmほどの果実をつけ、熟すと2つに裂けて甘い。類似種にミツバアケビがあり、小葉3枚。その交雑種にゴヨウアケビがある。

●アケビ科アケビ属●本州・四国・九州の山地または丘陵地／富士山・日本アルプス各地・丹沢・箱根・奥多摩・高尾山・奥武蔵など●4～5月●細工材・山菜

ツタウルシ

木の幹や岩にからみついて伸びるウルシ科のつる性落葉広葉樹。林内では最も早く紅葉するためよく目立つ。触れるとかぶれ、毒性が強い。

葉は葉脈がはっきりとした3出複葉で、茎に互生。茎は気根を出して木などに巻きついて成長。

雌雄異株。5～6月に葉のわきから花芽を出して黄緑色の小さな花をつける。秋に堅い実（核果）を結実する。

●ウルシ科ウルシ属●北海道・本州・四国・九州の山地／富士山・日本アルプス各地・八ヶ岳・丹沢・箱根・奥多摩・高尾山・奥武蔵・谷川連峰・尾瀬など●5～6月●なし

●分類 ●分布域／自然林・天然記念物林分布山岳域
●樹高 ●花期 ●用途

ヤマブドウ

ワイン人気に乗ってワイン用に栽培され始めた野生種のブドウ。林道わきなど日が当たる場所に生えるつる性落葉樹だ。

互生する葉は円形に近く、つけ根は心形。縁は角のあるギザギザで、葉に対生するひげで他の樹木に巻きついて枝を伸ばす。秋には美しく紅葉。

初夏、花芽を出して小さな花を開く。秋に液果の果実が房状に実り、熟すと甘酸っぱい。

●ブドウ科ブドウ属●北海道・本州・四国の山地／富士山・日本アルプス各地・丹沢・奥多摩・高尾山・谷川連峰・尾瀬など●6～7月●細工材・山菜・果実酒

マタタビ

ネコにマタタビ…で知られる、甘い香りを出すつる性落葉樹。林縁で高木にからんで成長する。

柄の長い楕円形の葉はつるに互生する。先端は尖り、縁はギザギザ。

入梅の頃、葉が白くなると花をつける。花は雄株に雄花、雌株に雌花、両生株に両生株がつく。

秋に楕円形の果実が実り、果実酒になる。よく似たミヤママタタビは葉が赤くなる。

●マタタビ科マタタビ属●北海道・本州・四国・九州の山地／富士山・日本アルプス各地・八ヶ岳・丹沢・箱根・奥多摩・高尾山・奥武蔵・谷川連峰・尾瀬など●6～7月●山菜・果実酒・生薬

フジ

フジ色という言葉があるように、薄紫色をした美しい花をつけるマメ科のつる性落葉樹。

枝に奇数羽状複葉の葉が互生。小葉は卵形。

4～5月、葉のわきから花芽を出し、マメ科独特の蝶形をした小さな花を多数つける。花が終わると豆果がなり、秋に熟して種を飛散する。

別名ノダフジ。つるは右巻き。ヤマフジは左巻きで、関西以西に自生。

●マメ科フジ属●本州・四国・九州の山地や丘陵地／富士山・日本アルプス各地・丹沢・箱根・奥多摩・高尾山・奥武蔵・谷川連峰など●4～5月●庭木・公園樹

チシマザサ

多雪地帯に生える笹の一種。根元で稈（かん・ササ属の茎）が曲がることから、ネマガリダケともいう。

葉は披針形。先端が細く尖り、光沢のある表面はざらつく。新芽となるおいしいタケノコは他の山菜が終わった5～6月に出るため、チシマザサの生える山は、ファンでにぎわうほどだ。

稈を使って作る笹細工の用具も人気がある。

●イネ科ササ属●北海道・鳥取県以北の本州の日本海側の山地／北アルプス・谷川連峰・尾瀬など●1～3m●細工材・山菜

スズタケ

ブナ林下に生える笹の一種。チシマザサが日本海側ブナ林に生えるのに対し、スズタケは太平洋側ブナ林下に群生し、笹原をつくる。主に標高1000m前後の山地に分布し、登山道わきで目にすることも多い。

稈（かん・ササ属の茎）は1～3mほどになり、先で枝分かれする。枝には楕円状の披針形の葉がつく。地下茎の先からタケノコを出して殖える。

●イネ科ササ属●北海道・本州・四国・九州の山地／富士山・南アルプス・中央アルプス・丹沢・箱根・奥多摩・奥武蔵など●1～3m●竹垣材・細工材

マダケ

モウソウチク同様に竹林をつくり、最も普通に見られる竹の仲間。

高さもモウソウチクと同じくらいだが、違いは節にある輪の数。モウソウチクの1本に対し、マダケは2本ある。節からは2本の枝を伸ばし、先端に披針形の葉を出す。

入梅の頃に伸びるタケノコは、アクを抜いてから食べるとおいしい。似たハチクはタケノコの皮に毛が密生する。

●イネ科マダケ属●中国原産・丘陵地などに植栽／丹沢・奥多摩・高尾山・奥武蔵など●10～15m●工芸材・細工材・山菜

山菜シーズン・毒草の誤食事故を防ぐために

春の登山では芽吹きの木々や草花ばかりでなく、山菜に触れる機会も多くなる。しかし、毒草を山菜と間違え、誤食する事故が後を絶たず、中には死亡事故まで起きている。本書で紹介した草花にも有毒植物が多く、正確な知識と経験がなければ山菜と間違えることも多いのだ。

「山菜採りは何度もやっているから」いうのが一番危ない。もしおいしい山菜とそっくりの有毒植物が並んで芽を出していたらどうだろう。オオバギボウシ（ウルイ）とコバイケイソウ、ニリンソウとヤマトリカブト……など例をあげたら枚挙にいとまがない。

誤食しないためには、山菜が採れた地元（宿など）で食べることを基本に、知らないものには手を出さないのと同時に、有毒植物の特徴や生態をよく学んでおくことが大切だ。毒草への注意とともに、私有地や財産区など山菜採りが禁止されている場所も多いので、むやみに入山することも控えたい。

ドクウツギ
トリカブト、ドクゼリと並ぶ日本三大有毒植物のドクウツギ。赤い実を誤食した死亡事故や、木の枝を箸代わりにしたイベントで事故が起きている。呼吸困難に陥るという。

ニリンソウとトリカブト
上の葉が山菜で人気のニリンソウ。下の裂片が深い葉が猛毒のトリカブト。ともにキンポウゲ科に属し、葉の形がよく似ている。並んで芽を出すと、初心者では見分けがつかなくなる。

2

登山道で出会う生き物

ライチョウと白馬岳(小蓮華岳・7月)

動物の体の部位名

ほ乳類部位名

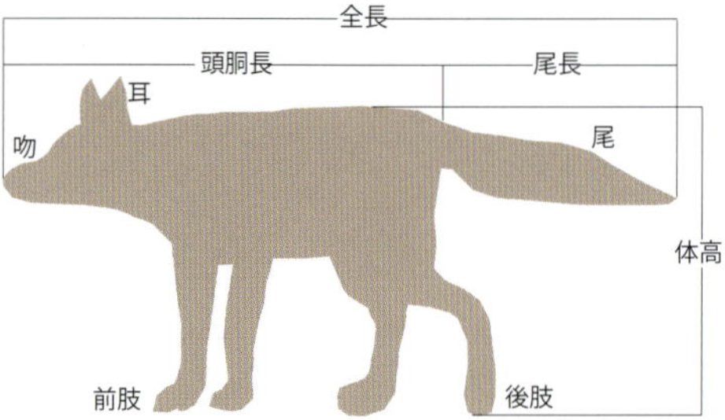

鳥類部位名

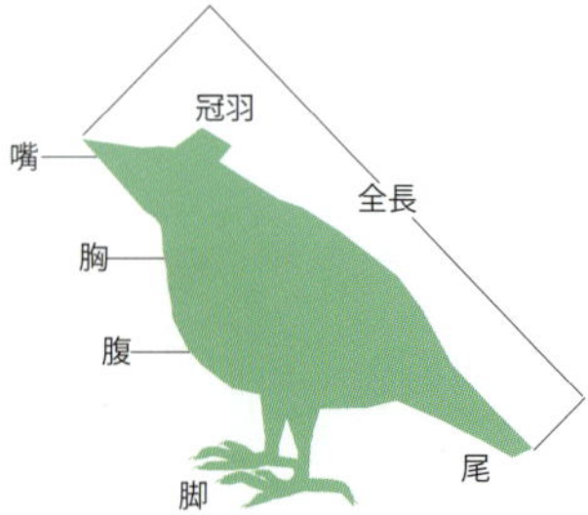

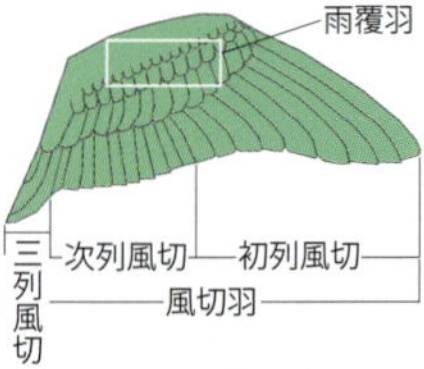

は虫類部位名

●トカゲ

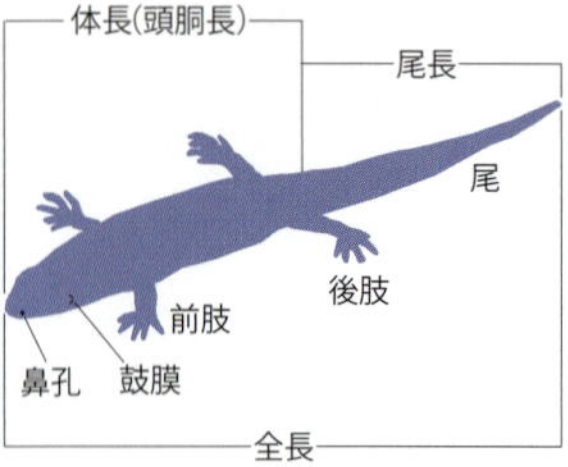

両生類部位名

●カエル

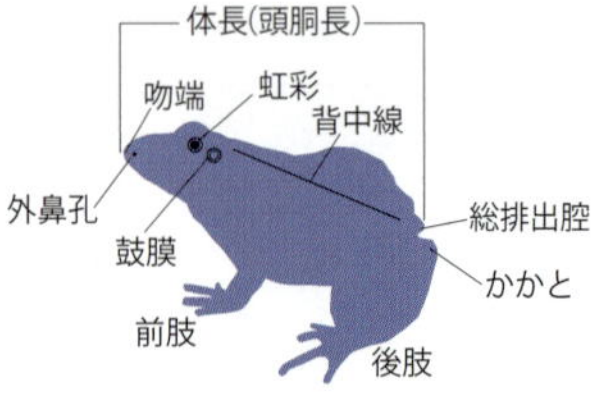

●ヘビ

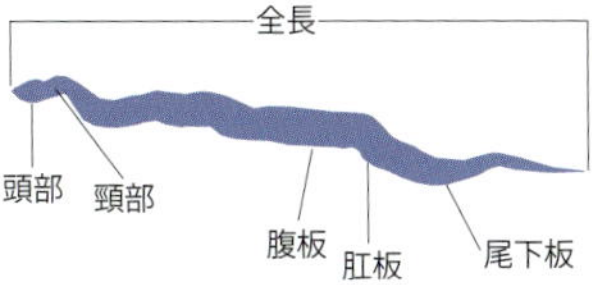

●サンショウウオ

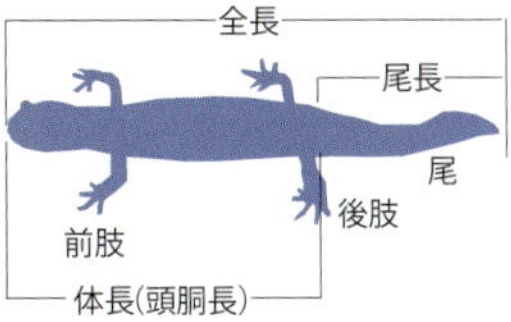

昆虫類部位名

●甲虫

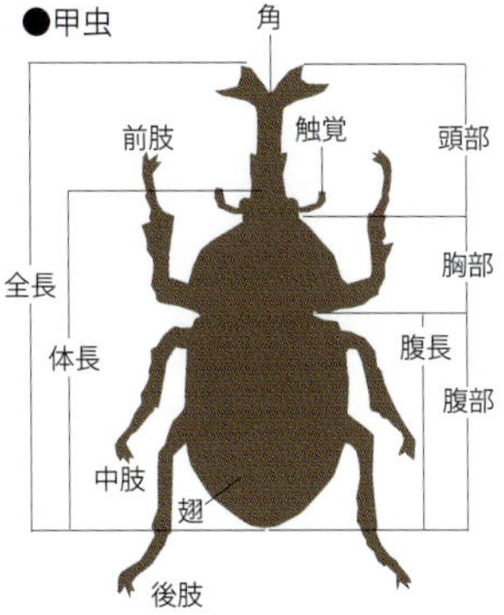

●蝶

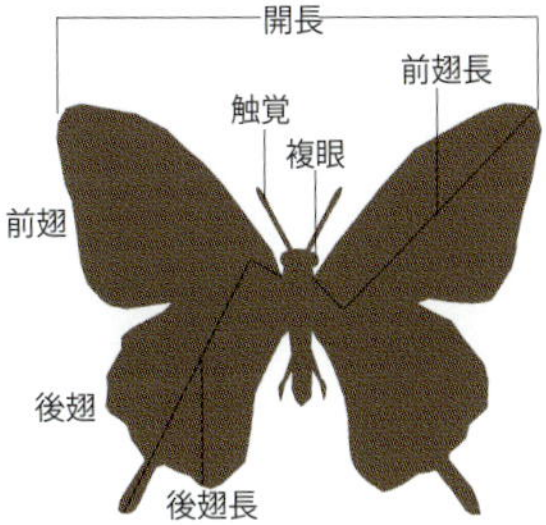

魚類部位名

●コイ科

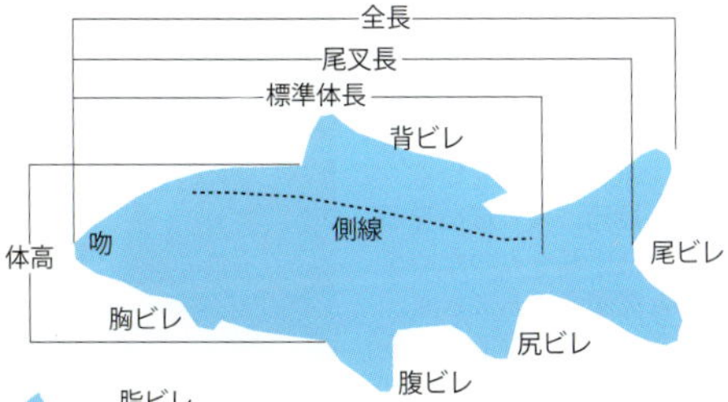

●サケ科

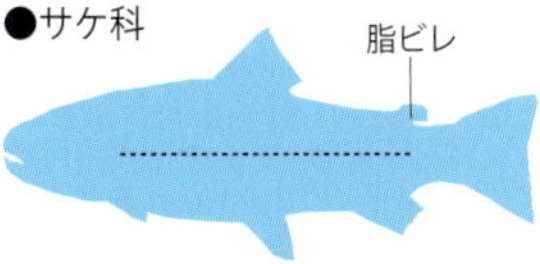

●和名 ●分類 ●主な生息域 ●頭胴長
●尾長 ●食性

ほ乳類

アナグマ
（ニホンアナグマ）

ユーラシア大陸北部に分布するアナグマの亜種で、体は太く、しっかりとした肢にずんぐりとした体型。

体毛は茶褐色に黒毛が混じり、ふさふさしている。額から目元に黒っぽい帯が走り、丸い耳をもつためタヌキと見間違えることも。名前通り、穴を掘るのがうまく、人をあまり警戒しない。夜行性。「同じ穴のムジナ」というが、これはタヌキがニホンアナグマの掘った穴を利用することから。

●日本穴熊●イタチ科アナグマ属●本州・四国・九州の山地や丘陵地／富士山・北アルプス・中央アルプス・丹沢・箱根・奥多摩・高尾山・尾瀬など●45～60cm ●10～15cm ●昆虫やミミズ、果実などを食べる雑食

●和名 ●分類 ●主な生息域 ●頭胴長
●尾長 ●食性

イノシシ
(ニホンイノシシ)

低山の森に広く生息。足が短く、多雪地帯には生息しないとされてきたが、進出地域もある。ヨーロッパやアジア、アフリカに分布するユーラシアイノシシの亜種。

足が短いずんぐり型で、体毛は茶褐色。冬は濃い褐色のふさふさした毛に変わる。

先端が平らの独特の形をした鼻で、地面を掘ってエサをあさる。人里で農作物を荒らすため、有害駆除の対象となっている。

●日本猪●イノシシ科イノシシ属●本州・四国・九州の山地や丘陵地／富士山・南アルプス・中央アルプス・八ヶ岳・丹沢・箱根・奥多摩・高尾山・尾瀬など●♂110～160cm・♀100～150cm●30cm●草木の根や葉、果実、昆虫、甲殻類を食べる雑食

ウサギ
(ニホンノウサギ)

日本固有のノウサギ。本州の日本海側のトウホクノウサギ、新潟県佐渡島に棲むサドノウサギ、島根県隠岐島に生息するオキノウサギ、その他の本州と四国、九州に棲むキュウシュウノウサギはどれも亜種関係。警戒心が強く、山中で猛スピードで逃げ去る姿を見かけることも。毛は濃い褐色で長い耳の先端が黒ずむ。日本海側のトウホクノウサギは、冬は耳の黒毛を除いて全身白毛に覆われる。

●日本野兎●ウサギ科ノウサギ属●本州・四国・九州の平地～亜高山帯／富士山・日本アルプス各地・八ヶ岳・丹沢・箱根・奥多摩・谷川連峰・尾瀬など●50cm前後●3～5cm●草木の葉や茎を食べる草食

●和名 ●分類 ●主な生息域 ●頭胴長
●尾長 ●食性

カモシカ
(ニホンカモシカ)

日本ではウシ科唯一の固有種。体毛は灰褐色が多く、白毛から黒毛が混じるものまで個体差が大きい。尖った角は枝分かれすることはなく、雌雄にある。

単独行動がほとんど。目の下の眼下腺から粘液を出して樹皮にマーキング、縄張りをつくる。登山客と遭遇してもすぐに逃げず、親しげにこちらを見る姿は愛らしい。特別天然記念物に指定されているが、食害地域では駆除されている所も。

●日本羚羊●ウシ科カモシカ属●本州・四国・九州の山地〜亜高山帯／富士山・日本アルプス各地・八ヶ岳・丹沢・奥多摩・谷川連峰・尾瀬など●100cm 前後●6〜7cm ●草木の葉を食べる草食

キツネ
(ホンドギツネ)

いわゆるキツネとは本種のことで、集落周りから標高の高い山岳部まで行動範囲は広い。北海道のキタキツネ同様、北半球の大陸に棲むアカギツネの亜種。

毛色は明るい褐色。胸から腹部、尻尾の先端は白毛をもつ。耳の裏と四肢は黒みを帯びる。鼻先は尖り、耳が大きい。

ふだんはネズミなどの小動物、あまり飛ばないヤマドリなどの野鳥を襲って捕食。熟した果実も食べる。

●本土狐●イヌ科キツネ属●本州・四国・九州の山地／富士山・日本アルプス各地・八ヶ岳・丹沢・箱根・奥多摩・高尾山・谷川連峰・尾瀬など●50〜70cm ●30〜40cm ●ネズミからノウサギ、果実までを捕食する雑食

クマ
(ニホンツキノワグマ)

本州、四国、九州の山岳部に生息していたが、九州のものは絶滅、四国のものも絶滅が心配されている。近年低山や里山にもよく現れるようになった。

体毛は黒色で、三日月形の白色の月ノ輪模様が胸部にある。北海道に棲むエゾヒグマと比べると小さいが、気は荒い。

冬は石の洞や木洞などで冬眠し、メスは冬眠時に子を産んで育てる。子育て期と発情期以外は単独行動。

日本月輪熊 クマ科ツキノワグマ属 本州・四国・九州の山地／富士山・日本アルプス各地・八ヶ岳・丹沢・奥多摩・谷川連峰・尾瀬など 140cm 前後 8cm 前後 草花の新芽や木の実、昆虫、動物の死骸なども食べる雑食

サル(ニホンザル)

木の芽や木の実など、エサが豊富な広葉樹林内に生息する野生のサルの仲間。日本の固有種。青森県の下北半島に生息する個体群が世界北限のサルで、鹿児島県屋久島のニホンザルとは亜種関係にある。

1頭のオスを長として数十頭の群れで暮らす。昼行性。日光や上高地などの、登山道で普通に見られる。

近年、ニホンザルによる農作物の被害や住宅地に迷い込んだ個体による被害が起きている。

日本猿 オナガザル科マカク属 本州・四国・九州の山地／南アルプス・中央アルプス・丹沢・箱根・奥多摩など ♂50～70cm・♀45～55cm 10cm 前後 草木の葉や果実から昆虫まで食べる雑食

●和名 ●分類 ●主な生息域 ●頭胴長
●尾長 ●食性

シカ（ニホンジカ）

山地の林内に棲む大型ほ乳類。生息している場所によってエゾシカやホンシュウジカなど7亜種に分けられている。体型は北に行くほど大きい。

枝分かれする角をもつのはオスで、メスはオスよりも小型。夏毛は明るい茶色に白斑点（鹿の子模様）。冬毛は濃い茶色に変わる。

メスは群れで行動し、オスは繁殖期以外単独行動。近年、奥日光や尾瀬、奥多摩などの登山道で普通に見られる。

●日本鹿●シカ科シカ属●北海道・本州・四国・九州の山地／南アルプス・中央アルプス・八ヶ岳・丹沢・箱根・奥多摩・谷川連峰・日光白根山など●♂110～190cm・♀90～160cm●8～20cm●草木の葉や茎を食べる草食

タヌキ（ホンドタヌキ）

本来、里山から山岳部まで生息する野生動物ながら、住宅地にエサを探しに現れるなど、人と接する機会が増えた。山小屋や旅館の周囲に家族で住み、夜になると現れる例も。

犬と似るが胴が長く，四肢が短いずんぐり型。全身黒毛混じりの黄褐色で、耳の裏、目の周囲、四肢は黒毛。冬は豊かな毛に覆われ、太って見える。家族単位で活動して、樹木の穴や住居の床下などに巣をもつ。

●本土狸●イヌ科タヌキ属●本州・四国・九州の山地／富士山・中央アルプス・丹沢・箱根・奥多摩・高尾山・奥武蔵・谷川連峰・尾瀬など●55～60cm●17cm 前後●小型の野鳥から昆虫、カニやザリガニ、木の実まで食べる雑食

●和名 ●分類 ●主な生息域 ●頭胴長
●尾長 ●食性

イタチ
（ニホンイタチ）

　湿地や、水田周辺に生息する日本固有種のイタチ。西日本では移入されたチョウセンイタチの影響で激減。北海道のものはネズミ退治に移入したものが繁殖。登山では、川辺で見られる。

　四肢が短く、胴が長いため、地面をはうような低い姿勢が特徴。また池などで魚をつかまえるだけに、水かきの形が残る足跡が見られる。毛色は赤褐色で、敵に襲われると肛門わきの臭腺から臭い液体を放つ。

●日本鼬●イタチ科イタチ属●本州、四国、九州の山地や丘陵地／富士山・八ヶ岳・丹沢・箱根・奥多摩・高尾山など●♂27～37cm・♀20～25cm●♂12～16cm・♀7～10cm●カエルや小魚、ネズミなどを捕食する動物食

テン（ホンドテン）

　里山から標高2000mを超える山地まで生息範囲は広い。夏と冬で毛色は異なり、夏は黒い毛の頭部と顔面、四肢を除けばすべて黄褐色。冬毛は頭部と顔面が白色に変わる。美しい黄色の毛の個体をキテンと呼ぶ。北海道にいるクロテンと比べて尾が長い。

　単独行動の動物で夜行性。日中に活動することも多いが警戒心が強く、見かけることは難しい。上質の毛皮を採取するために、ワナで捕獲されている。

●本土貂●イタチ科テン属●本州・四国・九州の山地／富士山・日本アルプス各地・八ヶ岳・丹沢・箱根・奥多摩・高尾山・谷川連峰など●♂45～50cm・♀40～43cm●20cmほど●ネズミ、野鳥などの動物から果実も食べる雑食

オコジョ
（ホンドオコジョ）

山岳部の岩場や林内に生息。北米などに分布するオコジョの亜種で、北海道のエゾオコジョも本種と亜種関係にある。

岩場で、とくに天候が崩れる前後やガスがかかるときなどに現れる。意外に人なつこい。

毛色は夏冬で異なり、夏毛は顎から腹部までは白毛、その他は茶褐色。尾の先は黒い。仕草は愛らしいが、ネズミなどのエサをくわえる姿はまさに野生だ。

●山鼬（やまいたち）●イタチ科イタチ属●中部地方以北の本州の亜高山～高山帯／富士山・日本アルプス各地・八ヶ岳・谷川連峰・尾瀬など●♂17～20cm・♀14～18cm●♂6cm前後・♀5cm前後●ネズミからノウサギまでの動物を食べる動物食

ヒメネズミ

北海道～九州の平地から高山帯にかけての林内に生息する小型のネズミの仲間。日本固有種。

茶褐色をしていて、腹部が白いのが特徴。長い尾を上手に使ってバランスをとり、樹上でも生活する。このため、食性が似ていて生息域が重なる、アカネズミと棲み分けができている。アカネズミと比べ、頭胴長よりも尾長の方が長い。

主にドングリなど木の実を食べるが、昆虫を捕食することもある。

●姫鼠●ネズミ科アカネズミ属●北海道・本州・四国・九州の山地～高山帯／富士山・日本アルプス各地・八ヶ岳・丹沢・奥多摩・谷川連峰・尾瀬など●6.5～10cm●7～12cm●昆虫、木の実などを食べる雑食

●和名 ●分類 ●主な生息域 ●頭胴長
●尾長 ●食性

ムササビ

平地や山地の林内に棲むリス科の中型動物。日本固有種。場所によっては、住宅地の近く、大木が残る鎮守の森などで見られることもある。

胴と同じ程度の長さがある長い尾が特徴。腹部は白く、背中側は茶褐色をした体毛に覆われている。同じように樹間を飛び回るモモンガよりも大きく、在来リスの仲間としては最も大きい。

前足と後ろ足の間にある飛膜を使い、夜間に木から木へと滑空し移動。

●鼯鼠●リス科ムササビ属●本州・四国・九州の山地／富士山・中央アルプス・丹沢・箱根・奥多摩・高尾山・谷川連峰など●30～49cm●28～40cm●草木の若芽や木の実などを食べる草食

モモンガ
（ニホンモモンガ）

本州から九州の山地に棲み、林内を滑空して樹間を移動する、小型のリスの仲間。同じように滑空するムササビよりもずっと小さく、標高の高い山地を勢力圏としている。日本固有種。

愛らしい大きな目と丸みを帯びた小さい耳が特徴で、偏平した尾をもつ。腹部は白い毛で覆われ、背部は茶褐色。前足と後ろ足の間にある飛膜で滑空し、樹上生活を営む。日中は樹洞などに潜み、夜に活動する。

●日本小飛鼠●リス科モモンガ属●本州・四国・九州の山地～亜高山帯／富士山・中央アルプス・八ヶ岳・丹沢・奥多摩など●14～20cm●12cmほど●草木の芽や木の実、果実などを食べる草食

●和名 ●分類 ●主な生息域 ●頭胴長
●尾長 ●食性

ヤマネ

本州〜九州の山地から亜高山帯にかけた林内に棲む。ヤマネ属は本種1種のみで、天然記念物に指定されている。日本固有種。

50gもない小型の動物で、目は大きく、リスに似たふさふさした尾をもつ。体毛は茶褐色で、首から尾のつけ根にかけて黒い縦縞が入るのが特徴。

夜行性で、樹洞などに巣をつくり、冬季は樹洞に入って冬眠する。冬眠中はボールのように丸くなり、触れても動かない。

●山鼠●ヤマネ科ヤマネ属●本州・四国・九州の山地〜亜高山帯／富士山・北アルプス・八ヶ岳・丹沢・奥多摩・谷川連峰・尾瀬など●6〜8cm●5cmほど●果実や昆虫などを食べる雑食

リス（ニホンリス）

本州から九州の山地〜亜高山帯に分布するとされるが、九州ではほとんど見られなくなっている。

夏毛は栗毛色、冬季は背部が灰褐色の冬毛に変わり、耳介先端の毛が長く伸びる。

草木の芽や花、キノコ、昆虫などを食べる雑食。特にマツやオニグルミなどの実を好み、貯蔵することで、植物の繁殖を助ける役割を担っている。

この他、北海道にはエゾリス、シマリスの2種が生息している。

●日本栗鼠●リス科リス属●本州・四国の山地〜亜高山帯／富士山・日本アルプス各地・八ヶ岳・丹沢・箱根・奥多摩・高尾山・谷川連峰など●18〜22cm●13〜16cm●草木の芽や木の実の他、鳥の卵や昆虫なども捕食する雑食

●和名 ●分類 ●主な生息域 ●生息形態
●全長 ●翼開長 ●色の特徴 ●食性

鳥類

キセキレイ

九州以北の渓流沿いや池沼などの水辺に生息。海岸線から標高 2500m を超える高山にまで分布することが知られ、山小屋周辺に姿を現すなど、登山客にもなじみ深い。

頭部から尾にかけては灰色。喉から腹部にかけては白く、下腹部が黄色くなる。夏にはこの黄色い色が鮮やかになり、雄の喉は黒くなる。

「チッチッ、チッチー」と甲高く鳴き、尻尾を上下に振る仕草は可愛いい。

●黄鶺鴒●セキレイ科セキレイ属●北海道・本州・四国・九州の丘陵地・高山帯／富士山・日本アルプス各地・八ヶ岳・丹沢・箱根・奥多摩・高尾山・奥武蔵・谷川連峰・尾瀬など●留鳥・漂鳥●約 20cm ～ 25cm ●約 26cm ●♂喉が黒い●昆虫など食べる動物食

●和名 ●分類 ●主な生息域 ●生息形態
●全長 ●翼開長 ●色の特徴 ●食性

アカゲラ

山地では普通に見られるキツツキの仲間。本州・四国にアカゲラ、北海道に亜種のエゾアカゲラが生息。

背中は黒く、肩にかけて白い紋様が入る。腹部は白い羽毛で覆われ、下部から尾羽のつけ根にかけて、赤い羽毛が覆っている。黒い翼には白い斑紋が入っているのが特徴。

和名の由来ともなったように、成鳥のオスの後頭部は赤くなる。

別種に、よく似て、大型になるオオアカゲラがいる。

●赤啄木鳥●キツツキ科アカゲラ属●北海道・本州・四国の山地／富士山・日本アルプス各地・八ヶ岳・丹沢・箱根・奥多摩・谷川連峰・尾瀬●留鳥●23～25cm●40cm●♂後頭部が赤い●昆虫も食べる雑食

イヌワシ
（ニホンイヌワシ）

留鳥ながら、一部は越冬のために南下するものも。トビよりひとまわり以上大きい。

全体が暗褐色の羽に覆われ、後頭部は黄褐色を帯びる。目の色は黄土色で脚は黄色。メスの方が大きく、若鳥の翼と尾は白い部分が目立つ。

森林伐採などによる環境悪化により生息数が減少し、全国で300～500羽の生息数と推測されている。国の天然記念物。

●犬鷲●タカ科イヌワシ属●北海道・本州・四国・九州の山地／日本アルプス各地・八ヶ岳・谷川連峰など●留鳥●80～90cm●170～210cm●雌雄同色●ノウサギや野鳥などを捕らえる動物食

●和名 ●分類 ●主な生息域 ●生息形態
●全長 ●翼開長 ●色の特徴 ●食性

イワツバメ

東南アジアなどで越冬、日本には夏鳥として飛来し繁殖するツバメの一種。岩場に巣をかけるとことからイワツバメの名がある。

普通のツバメよりも小型で、背中側はつやのある黒色、腹部は白色の羽毛に覆われている。また、尾羽が短く、腰が白いのが特徴。飛びながら、呟くように鳴くのが印象的だ。

観光地の建造物の軒先や山地の岩場などに泥と枯れ草で巣をつくるため、登山で出会う機会も多い。

●岩燕●ツバメ科●北海道・本州・四国・九州の山地／富士山・日本アルプス各地・八ヶ岳・丹沢・箱根・奥多摩・谷川連峰・尾瀬など●夏鳥●13～15cm ●約30cm ●雌雄同色●昆虫を食べる動物食

ウグイス

里山や山地に生息する留鳥。スズメと同じくらいの小型で、主に笹藪や灌木の中に棲む。

雌雄同色で背中が淡い褐色、腹部は白っぽい羽毛に覆われている。またオスの方が大きくなる。

「ホーホケキョ」の鳴き声はオスが発するもので、縄張りの主張。主に春先から8月に聞かれるが、冬は「チッ、チッ」という地鳴きに変わる。巣は同じ色と大きさも近い卵を産む、ホトトギスの托卵の好対象。

●鶯●ウグイス亜科ウグイス属●日本全国の山地や丘陵地／富士山・日本アルプス各地・八ヶ岳・丹沢・箱根・奥多摩・奥武蔵・谷川連峰・尾瀬など●留鳥●14～16cm ●18～20cm ●雌雄同色●昆虫から木の実まで食べる雑食

●和名 ●分類 ●主な生息域 ●生息形態
●全長 ●翼開長 ●色の特徴 ●食性

オオタカ

ユーラシア大陸や北アメリカ大陸などに分布するタカの仲間。日本にいるのはその亜種で、留鳥ながら一部は南で越冬するとされる。

日本でタカといえばオオタカを指すほど知られた種で、古くから鷹狩りに使われてきた。大きさはカラスほどで、背部が灰黒色、腹部が白い羽毛に黒灰色の横斑点が散らばる。目の後ろが黒みがかり、白い眉斑をもつのが特徴だ。

狩りの名手で、時速80kmで飛ぶという。

●大鷹●タカ科ハイタカ属●日本全国の山地や丘陵地／富士山・日本アルプス各地・八ヶ岳・丹沢・箱根・奥多摩・奥武蔵・谷川連峰など●留鳥●♂50cm・♀55cm●100～130cm●雌雄同色●ハトなどの野鳥やウサギなどの小動物を捕食する動物食

オオルリ

極東アジアで繁殖し、東南アジアで越冬する渡り鳥。日本全国の丘陵地から亜高山までの、主に渓谷沿いを好んで棲む。

オスの背部はコルリやルリビタキと似た鮮やかな青色。腹部は白い。メスは茶褐色で、腹部は白い羽毛に覆われている。渓谷沿いの岩場などに苔などを使って巣をつくる。繁殖期のオスは樹上で美しい鳴き声でさえずり、ウグイス、コマドリとともに、日本三鳴鳥の一つにも数えられている。

●大瑠璃●ヒタキ科オオルリ属●北海道・本州・四国・九州の山地～亜高山帯／富士山・日本アルプス各地・八ヶ岳・丹沢・箱根・奥多摩・奥武蔵・谷川連峰・尾瀬など●夏鳥●約16cm●約27cm●♂青色・♀茶褐色●昆虫などを食べる動物食

●和名　●分類　●主な生息域　●生息形態
●全長　●翼開長　●色の特徴　●食性

カケス

カラス科の留鳥。九州から北海道の、山地や亜高山帯までの森林に生息する。

カラスをひとまわり小さくした位の大きさ。目の周りは黒く、頭は白い羽に黒斑が混じったごま塩柄で、北海道のものは明るい褐色をしている。腹部から背中にかけて暗褐色で、風切羽と尾羽は黒い。また、雨覆羽の一部が白・黒・青の斑模様で、美しい。

「ジェージェー」とうるさい声で鳴きながら飛ぶため、森の中で目立つ野鳥だ。

●懸巣●カラス科カケス属●北海道・本州・四国・九州の山地〜亜高山帯／富士山・日本アルプス各地・八ヶ岳・丹沢・箱根・奥多摩・奥武蔵・谷川連峰など●留鳥●約33cm●約50cm●雌雄同色●木の実や新芽、昆虫などを食べる雑食

カッコウ

ユーラシア大陸とアフリカ大陸に分布し、日本には初夏にやってくる夏鳥。山地の開けた林や草原の樹上で暮らす。カッコウの鳴き声は、のどかな高原の風物詩となっている。

ハトほどの大きさながら体は細く、白に細い横縞が入った腹部を除いて全体が灰色。

同じ科のホトトギス、ツツドリなどと同様に托卵する習性をもち、ノビタキやホオジロなどの巣に卵を産み落とす。

●郭公●カッコウ科カッコウ属●北海道・本州・四国・九州の山地や丘陵地／富士山・日本アルプス各地・八ヶ岳・丹沢・箱根・奥多摩・谷川連峰・尾瀬など●夏鳥●約35cm●約60cm●雌雄同色●昆虫などを食べる動物食

和名　分類　主な生息域　生息形態
全長　翼開長　色の特徴　食性

カワガラス

屋久島以北に生息する留鳥。主に山地の渓流を生息域とし、「ビッ、ビッ」と鳴きながら渓流を低空飛行して飛翔する。

ヒヨドリをひとまわりほど小さくした大きさで、尾が短いためずんぐりとした体つき。全体が茶色い羽毛に覆われている。

エサはカゲロウやトビケラなどの水生昆虫で、白泡だった流れの落ち込みに飛び込み、川底をはうようにエサをあさる。小滝の裏側や岩場の陰に栄巣。

川烏　カワガラス科カワガラス属　北海道・本州・四国・九州の山地～亜高山帯／日本アルプス各地・八ヶ岳・丹沢・奥多摩・谷川連峰など　留鳥　約20cm　約30cm　雌雄同色　水生昆虫を食べる動物食

カワセミ

「川の宝石」とも呼ばれ、川の自然度をはかる指標にもなることが多い野鳥。主に河川の中下流域や湖沼に棲み、年間を通じ同じ流域で過ごす。北海道など北日本の個体は冬に南下して暮らすことが知られている。「翡翠」の字が当てられるように、頭や頬、背中はつやのある青色。胸や腹部、目の周りは橙《だいだい》色をしていて美しい。オスのくちばしは黒く、メスは下側が橙色をしているので雌雄の区別は楽だ。

翡翠　カワセミ科カワセミ属　日本全国の山地や丘陵地／日本アルプス各地・八ヶ岳・丹沢・箱根・奥多摩・奥武蔵・谷川連峰など　留鳥（北日本では夏鳥）　約17cm　約25cm　雌雄同色　小魚や水生昆虫、カエルなどを食べる動物食

キジバト

丘陵地から亜高山帯にまで分布し、住宅街や都市公園でもよく見かける野生種のハトの仲間。

頭部と腹部は縞色で、翼には鱗状に褐色と濃い灰色の模様が入る。また首のわきには青色と白色のまだら模様があり、美しい。虹彩（瞳孔を囲む外側の、色がついた部分）は橙色。

樹上生活が中心で、木の枝で巣をつくり、抱卵する。「ボッポー、ボッポー」という鳴き声が聞こえれば、近くにいる。

雉鳩 ハト科キジバト属 日本全国の山地や丘陵地／富士山・日本アルプス各地・八ヶ岳・丹沢・箱根・奥多摩・奥武蔵・谷川連峰など 留鳥（北日本では夏鳥） 約33cm 約55cm 雌雄同色 木の実や果実、昆虫などを食べる雑食

クマタカ

九州以北の奥深い山地に生息し、翼を広げると150cmをゆうに超える大型のタカの仲間。留鳥。

背部は暗褐色、腹部は茶褐色に白色のまだら模様が入る。次列風切羽は幅があり、いくらか湾曲している。後頭部についている羽は長めで冠羽状。樹上に暮らし、そばを通る動物や鳥を見つけると、一気に飛翔して襲い、捕食する。羽を広げた姿は、同じ猛禽類の中でも秀逸の美しさ。絶滅危惧種に指定されている。

熊鷹・角鷹 タカ科クマタカ属 北海道・本州・四国・九州の山地〜亜高山帯／富士山・日本アルプス各地・八ヶ岳・丹沢・奥多摩・谷川連峰など 留鳥 ♂約70cm・♀約80cm 160〜170cm 雌雄同色 ノウサギなどのほ乳類やキジなどの鳥類を食べる動物食

●和名 ●分類 ●主な生息域 ●生息形態
●全長 ●翼開長 ●色の特徴 ●食性

コゲラ

キツツキの仲間。日本のキツツキでは最も小型で、山地や丘陵地の林内に棲む。最近は住宅街や都市公園でもドラミング（タタタ…という）する姿を見かけるようになった。

羽は濃い褐色に白いまだらが入り、胸は明るい赤褐色で、薄い縦縞が走っている。また、目の後部に白斑があり、尾羽は黒い。

「ギーッ、ギッ、ギッ」と鳴きながら飛び、幹に器用につかまってエサをついばむ姿は愛らしい。

●小啄木鳥●キツツキ科アカゲラ属●全国の山地や丘陵地／富士山・日本アルプス各地・八ヶ岳・丹沢・箱根・奥多摩・奥武蔵・谷川連峰・尾瀬など●留鳥●約15cm●約27cm●雌雄ほぼ同色●木の実や木の中に巣食う昆虫などを食べる雑食

ゴジュウカラ

山地の林内で見られる小型の野鳥。日本には3亜種がいて、キツツキのように樹幹に留まってエサを探したりするが、頭を逆さにして幹を下れるのはこのゴジュウカラだけ。さらにシジュウカラの仲間と比べて尾も短いため、すぐに判別できる。

頭部から背中にかけては灰色で、首の周辺は白く、腹部が明るい褐色。またくちばしは黒く、目の前後には黒い筋が走っている。「フイフイ」と続けて鳴く。

●五十雀●ゴジュウカラ科ゴジュウカラ属●北海道・本州・四国・九州の山地／富士山・日本アルプス各地・八ヶ岳・丹沢・奥多摩・奥武蔵・谷川連峰・尾瀬・日光など●留鳥●約14cm●約24cm●雌雄同色●木の実や昆虫などを食べる雑食

●和名 ●分類 ●主な生息域 ●生息形態
●全長 ●翼開長 ●色の特徴 ●食性

シジュウカラ

山地の広葉樹林内に生息しているが、都市部の住宅地や公園の樹林内でもよく見かける小型の留鳥。

頭頂は黒く、背部は灰色。首筋は黄色みを帯びた羽毛で覆われ、頬は白い。白い腹部には喉から尾羽にかけてネクタイの形をした黒い帯が走る。この帯の太いものがオスで、メスは細い。

「ツーツーピー」と続けて鳴き、他の野鳥とともに集団で移動することも。

●四十雀●シジュウカラ科シジュウカラ属●日本全国の山地や丘陵地／富士山・日本アルプス各地・八ヶ岳・丹沢・箱根・奥多摩・奥武蔵・谷川連峰・尾瀬など●留鳥●約15cm●約22cm●雌雄ほぼ同色●木の実や昆虫などを食べる雑食

ツツドリ

四国以北で繁殖する夏鳥。主に山地の林内の樹上で生活するために、人の目に触れる機会は少ない。

カッコウとよく似た姿形で、全体が灰色。腹部は白色に横縞が入っている。また茶色がかった虹彩（瞳孔を囲む外側の、色がついた部分）も特徴。

同じカッコウ科の鳥同様に托卵の習性をもち、センダイムシクイなどの巣に卵を産み落とす。

「ポッポッ、ポー」という鳴き声で見分ける。

●筒鳥●カッコウ科カッコウ属●北海道・本州・四国の山地／富士山・日本アルプス各地・八ヶ岳・丹沢・奥多摩・谷川連峰・尾瀬など●夏鳥●約33cm●約55cm●雌雄同色●昆虫を食べる動物食

●和名 ●分類 ●主な生息域 ●生息形態
●全長 ●翼開長 ●色の特徴 ●食性

ホオジロ

屋久島以北に分布。登山道沿いの林縁などでよく見かけるので、登山客には身近な存在だ。

スズメと似た褐色の羽をもち、名前の通り眉と頬、首筋が白く、腹部は明るい褐色の羽毛に覆われている。オスの過眼線（目の前後に走る線）は黒く、明るい褐色のメスと区別できる。

「一筆啓上仕候」の聞きなしで知られる、初夏の樹上での甲高いさえずりは独特だ。

●頬白●ホオジロ科ホオジロ属●北海道・本州・四国・九州の山地／富士山・日本アルプス各地・八ヶ岳・丹沢・箱根・奥多摩・谷川連峰など●留鳥●約17cm●約25cm●♂全体が褐色で過眼線が黒い・♀全体が淡い褐色●昆虫や木の実を食べる雑食

ホシガラス

ハトぐらいの大きさの野鳥。四国以北の亜高山帯から高山帯にかけての針葉樹林内に生息する。北アルプスなど夏の高山のハイマツ帯で、エサをついばむ姿がよく見られる。

全体的にこげ茶色で、たくさんの白い斑点がちらばっているのが大きな特徴。この組み合わせが星空を思わせることから星鴉の和名がつけられた。また、翼と尾羽の上部はしっとりとした黒色だ。木の実を貯蔵する習性がある。

●星鴉・星鳥●カラス科ホシガラス属●北海道・本州・四国の亜高山帯～高山帯／富士山・日本アルプス各地・八ヶ岳・谷川連峰・尾瀬など●留鳥●約35cm●約60cm●雌雄同色●昆虫や木の実を食べる雑食

●和名 ●分類 ●主な生息域 ●生息形態
●全長 ●翼開長 ●色の特徴 ●食性

ヤマガラ

スズメと同じくらいの大きさの留鳥。伊豆諸島や南西諸島に亜種がいる。標高1000mほどの山地や丘陵地の広葉樹林に生息し、登山道わきの林などでもよく見られる。

背部や腹部は明るいオレンジ色の羽毛に覆われ、頭部と喉元は黒、頬と頭頂部に白斑が入っている。翼と尾羽は灰色。

シジュウカラなどと群れをつくって移動することがあり、「ツーツッ、ツーツッ、ピー」と鳴く。

●山雀●シジュウカラ科シジュウカラ属●北海道・本州・四国・九州の山地／富士山・日本アルプス各地・八ヶ岳・丹沢・箱根・奥多摩・奥武蔵・谷川連峰・奥日光尾瀬など●留鳥●約14cm●約22cm●雌雄同色●昆虫や果実などを捕る雑食

ヤマセミ

山地の渓流を生息域とする中型の野鳥。淡水魚を捕るためくちばしが大きく、色こそ異なるが、カワセミに近い姿・形をしている。谷沿いに「ギェッ、ギェッ」と鳴きながら低く直線的に飛ぶ姿は印象的だ。

白い羽毛に覆われた腹部を除けば、全体が白と黒の鹿の子模様。頭部に冠羽があるのが大きな特徴。オスは胸に茶色が入り、メスは雨覆の腹部側が茶色になる。水中に飛び込んで渓流魚のヤマメなどを捕らえる。

●山翡翠●カワセミ科ヤマセミ属●北海道・本州・四国・九州の山地／日本アルプス各地・八ヶ岳・丹沢・箱根・奥多摩・谷川連峰など●留鳥●約40cm●約67cm●雌雄ほぼ同色●淡水魚や水生昆虫を捕食する動物食

●和名 ●分類 ●主な生息域 ●生息形態
●全長 ●翼開長 ●色の特徴 ●食性

ヤマドリ

日本固有種の野鳥で、生息場所で5つの亜種に分かれる。同じ山地の林内でも密生した樹林や灌木帯に生息。人とは林道などに出てきたところで遭遇することが多い。

キジと似た姿をしているが、全体を覆う赤褐色の羽には黒い縦縞が入って、縁が白く縁取られている。オスの方が赤みが濃く、メスは淡い。オスの全長が100cmを超えるのは尾羽が長いため。雌雄ともに目の周りはニワトリのように赤い。

●山鳥●キジ科ヤマドリ属●本州・四国・九州の山地／富士山・日本アルプス各地・八ヶ岳・丹沢・箱根・奥多摩・奥武蔵・谷川連峰など●留鳥●♂約125cm・♀55cm●約70～80cm●♂全体的に赤褐色・♀淡い褐色●草木の葉や種子、昆虫などを食べる雑食

ライチョウ

ユーラシア大陸や北アメリカの高緯度地方、一部の高山帯に分布する野鳥。氷河期時代の生き残りとされる。日本では中部山岳地帯の高山だけに隔離分布したとされている。国の特別天然記念物。

冬は雌雄ともに白い冬羽に覆われるが、夏は黒褐色に波形の褐色の斑点が入った羽色に変わる。オスは額や腹部が白、メスは翼と腹部が白い。初夏の北アルプスのハイマツ帯などでは、親子連れの姿を見かけることも。

●雷鳥●ライチョウ科ライチョウ属●本州の高山帯／北アルプス・南アルプス・御嶽山・火打山と焼山など●留鳥●約37cm●約60cm●雌雄同色●草木の芽や種子、昆虫などを食べる雑食

●和名 ●分類 ●主な生息域
●全長 ●食性 ●毒性

は虫類 & 両生類

アカガエル
（ヤマアカガエル）

山地や丘陵地の林内、周辺の池沼に棲むカエルの仲間。登山道脇などの湿った場所で出会うことが多い。

赤みがかった褐色や暗褐色の個体が多く、体は細身。鼓膜の上部と後部で湾曲、後肢のつけ根に向かう背側線が背面にある。混生することもあるニホンアカガエルとはこの背側線で見分ける（ニホンアカガエルは湾曲しない）。カエルの仲間では最も早く、1月に繁殖活動に入る地方も。

●山赤蛙●アカガエル科アカガエル属●本州・四国・九州の山地や丘陵地／富士山・日本アルプス各地・八ヶ岳・丹沢・箱根・奥多摩・谷川連峰・尾瀬など●約4.5～7cm●昆虫やクモ、巻き貝などの動物食●無毒

アマガエル
（ニホンアマガエル）

東アジアに分布するカエルの仲間で、全長3cm内外と小型。日本では山地や丘陵地の主に樹上で生活し、郊外の住宅地にも現れる。

体色は黄緑色が基本。生息場所で褐色のまだら模様になるなど保護色に変化できる。鼻先から目の裏にまで褐色の線が走る。四肢の先端には吸盤があり、自由に移動できる。

皮膚の粘液は目に入ると、激しい痛みに襲われることもあるので注意。

●日本雨蛙●アマガエル科アマガエル属●北海道・本州・四国・九州の山地や丘陵地／富士山・日本アルプス各地・八ヶ岳・丹沢・箱根・奥多摩など●約3〜3.5cm●昆虫やクモなどの動物食●有毒

タゴガエル

九州以北の山地の林内に棲むカエルの仲間。渓流沿いや登山道で出合う森林性のカエルで、標高が2000m近い場所にも生息する。日本には3亜種がいる。

個体差があるものの、体色は褐色。よく似たヤマアカガエルは後肢の大きな水かきがついていて、タゴガエルは小さく、指間が切れ込んでいる。

また、ヤマアカガエル同様、背中に隆起した背側線が、鼓膜の裏で外側に湾曲しているのが特徴だ。

●田子蛙●アカガエル科アカガエル属●本州・四国・九州の山地／南アルプス・中央アルプス・八ヶ岳・丹沢・箱根・奥多摩・谷川連峰・尾瀬など●約4.5cm●昆虫やクモなどの動物食●無毒

和名　分類　主な生息域
全長　食性　毒性

モリアオガエル

本州の山地や丘陵地に棲むカエルの仲間。環境の変化によって個体数が減り、繁殖地となる池沼が天然記念物に指定されている場所も多い。

アマガエルやシュレーゲルアオガエルに似ていて、緑色の体色をしているが、アマガエルは小型で目の前後に褐色の帯が入る。シュレーゲルアオガエルは虹彩が黄色（本種は赤褐色）。指には樹上生活に適した吸盤があり、水かきももつ。雌は雄よりも大型になる。

森青蛙　アオガエル科アオガエル属　本州の山地や丘陵地／富士山・日本アルプス各地・八ヶ岳・丹沢・箱根・奥多摩・谷川連峰・尾瀬など　約5.5～7.5cm　昆虫やクモなどの動物食　無毒

ヒキガエル
（アズマヒキガエル）

東北地方から島根県北部までの、本州の広い範囲に分布する大型のカエルの仲間。山陽地方から西、四国、九州に棲むニホンヒキガエルとは棲み分けている。

背部や顔、四肢は褐色で、黒や白色のまだらが入ることもあり、イボが散在。腹部は黄色く、黒や褐色のまだら模様が入る。ただ、地方による変異が大きい。

関東・中部の登山道わきで出くわすのは、このアズマヒキガエルだ。

東蟇蛙　ヒキガエル科ヒキガエル属　本州（東北～山陰地方）の山地／富士山・日本アルプス各地・八ヶ岳・丹沢・箱根・奥多摩・谷川連峰・尾瀬など　約4.5～15cm　昆虫やミミズなどの動物食　有毒

●和名 ●分類 ●主な生息域
●全長 ●食性 ●毒性

カジカガエル

山地の渓流や周辺の林に生息する小型のカエルの仲間。美しい声で鳴くことで知られ、俳句の季語にもなっている。

体は偏平で、体色は地味な灰褐色。棲んでいる渓流の石に合わせて、保護色となっている。また目が飛び出ていて、急流に流されないよう四肢の指先には吸盤がついている。

「フィー、フィー、ヒョロロロー」と鳴き、生息地では鳴き声を聞くイベントが催されている所もある。

●河鹿蛙●アオガエル科カジカガエル属●本州・四国・九州の山地／日本アルプス各地・八ヶ岳・丹沢・箱根・奥多摩・谷川連峰・尾瀬など●約3～7cm●昆虫やクモなどの動物食●無毒

カナヘビ
(ニホンカナヘビ)

日本固有種のは虫類でヘビの名前がついているが、トカゲの仲間。住宅地から標高1000mほどの山地まで生息する。

体色は背部が暗褐色、腹部が黄色で、鼻から尾のつけ根まで濃い褐色の帯、続いて黄色の帯、また濃い褐色の3本の帯が横に並んで走る。尾が長いのも特徴で、全長の3分の2ほどをしめる。

また、しっかりとした5本の指がある四肢で、林縁の草地などを俊敏に移動する。

●日本金蛇●カナヘビ科カナヘビ属●北海道・本州・四国・九州の山地や丘陵地／富士山・日本アルプス各地・八ヶ岳・丹沢・箱根・奥多摩・谷川連峰・尾瀬など●約16～25cm●昆虫や小型の節足動物などの動物食●無毒

●和名 ●分類 ●主な生息域
●全長 ●食性 ●毒性

イモリ
（アカハライモリ）

本州～九州の山地や丘陵地にある沼や池に生息する両生類。別名ニホンイモリと呼ばれる日本固有種。

主に人と関わりが強い里山や山地の池沼で見られ、サンショウウオなど競合する両生類の生息地では見られない。成長しても水中生活を続ける。

サンショウウオと同じような体型で、背部はつや消しの黒色、腹部は赤く、黒のまだら模様が入る。模様が入らないものもいる。

●赤腹蠑螈・井守●イモリ科トウヨウイモリ属●本州・四国・九州の山地や丘陵地／富士山・日本アルプス各地・八ヶ岳・丹沢・奥多摩・尾瀬など●約10～12cm●昆虫類や同じ両生類の卵、ミミズなどを食べる動物食●有毒

シマヘビ

九州以北の山地や丘陵地の渓流沿い、民家の周囲に棲むヘビの仲間。開発による自然環境の変化で都市公園や住宅地などでは、ほとんど見られなくなっている。

名前の通り、くすんだ黄色い胴体に、首から尾にかけて走る４本の縦縞模様が特徴。鱗が大きいために、皮膚は粗く見える。変種に体色が黒い黒化型のシマヘビもいる。

警戒心が強く人と会うとすぐに逃げるが、かまおうとすると攻撃的になる。

●縞蛇●ナミヘビ科ナメラ属●北海道・本州・四国・九州の山地や丘陵地／富士山・日本アルプス各地・八ヶ岳・丹沢・箱根・奥多摩・谷川連峰・尾瀬など●約80～150cm●カエルやトカゲ、小鳥やネズミなどの動物食●無毒

●和名 ●分類 ●主な生息域
●全長 ●食性 ●毒性

アオダイショウ

鹿児島県口之島以北の山地や丘陵地に生息する比較的大型のヘビ。住宅地や都市公園などでも見られるが、山地では林内や渓流沿い、中には避難小屋で出会うことも。

体色はオリーブ色で、中には青みがかった個体もいて、変異がある。背部にくすんだ縦縞模様が入るために、大きさも近いシマヘビと間違えることがあるが、有毒のマムシやヤマカガシなどとは、色や背部の模様は異なっている。

●青大将●ナミヘビ科ナメラ属●北海道・本州・四国・九州の山地や丘陵地／富士山・日本アルプス各地・八ヶ岳・丹沢・箱根・奥多摩・谷川連峰・尾瀬など●約100～200cm●ネズミや鳥類、トカゲやカエルなどの動物食●無毒

ヤマカガシ

東アジアに分布するユウダ科の毒ヘビ。日本では山地や丘陵地の渓流沿い、池周辺に生息。湿地を好み、泳ぎもうまい。

体色は褐色の地に黒と赤、黄色の斑紋が入る。赤や黄色の斑点が少なく、暗褐色の個体が多い地方もある。

奥歯にある出血毒の毒腺と、ヒキガエルを捕食した結果、その毒をため込んだ頸部の２つの毒腺をもつ。出血毒の毒性はマムシの３倍あり、急な接近には十分注意が必要だ。

●山棟蛇・赤棟蛇●ユウダ科ヤマカガシ属●本州・四国・九州の山地や丘陵地／富士山・日本アルプス各地・八ヶ岳・丹沢・箱根・奥多摩・谷川連峰など●約70～150cm●カエルや小魚などを食べる動物食●有毒

●和名 ●分類 ●主な生息域
●全長 ●食性 ●毒性

マムシ(ニホンマムシ)

同じクサリヘビ科のハブがいる沖縄を除く、全国に分布する小型のハブ。かまれると死に至ることもある有毒の動物で、近づかないよう注意が必要。林縁などの草地や藪にいる。

アオダイショウなど樹上性のヘビと違って、地面をはうのに適した太い胴体をもつ。体色は茶褐色で、上から見ると、小判形の紋様が並んでいるのが特徴。頭部は三角形で鼻先が尖り、目の前後に黒斑が走っている。極端に攻撃的ではない。

●蝮●クサリヘビ科マムシ属●北海道・本州・四国・九州の山地や丘陵地／富士山・日本アルプス各地・八ヶ岳・丹沢・奥多摩・谷川連峰など●約50～80cm●ネズミやトカゲ、カエルなどの動物食●有毒

ジムグリ

性格が比較的穏やかで、愛らしい目をした日本固有種のヘビ。北海道から九州の大隅諸島まで分布。低山から1500mの山地まで生息するため、登山道わきで目にすることも多い。

褐色や赤褐色の個体が普通で、黒い斑点をもつものも。標高の高い山地や北方では、鮮やかな赤褐色の個体も姿を見せる。

比較的おとなしく、林床などの気温の低い場所を好み、人に出会うと石の下などに隠れる。

●地潜●ナミヘビ科ナメラ属●北海道・本州・四国・九州の山地や丘陵地／富士山・日本アルプス各地・八ヶ岳・丹沢・箱根・奥多摩・高尾山・奥武蔵・谷川連峰・尾瀬など●70～100cm●ネズミなど小型ほ乳類を食べる動物食●無毒

クロサンショウウオ

中部地方以北の山地～亜高山帯の林内に生息。止水性のサンショウウオで、繁殖期だけ池沼や湿地の水たまりなどに、半月形をした半透明の卵を産む。

体色は暗褐色。四肢は比較的長く、尾長は全長の半分ほど。尾の先端が側偏し、上から見ると平らになっている。

白馬岳登山コースの白馬大池（標高 2379m）では、登山シーズンの7～8月にクロサンショウウオの成体と卵の観察が楽しめる。

●黒山椒魚●サンショウウオ科サンショウウオ属●本州の山地～亜高山帯／北アルプス・谷川連峰・尾瀬など●約13～16cm ●昆虫やクモなどの動物食●無毒

ハコネサンショウウオ

日本固有種で、標高 2000 mまでの渓流沿いの林内に生息する。

暗褐色の体色で、頭から尾の先端に至るまで、上側は明るい褐色の斑点の帯が走り、明るく見える。目全体が突出していてカエルのように見えるのも特徴で、尾も頭胴長より長い。サンショウウオの仲間では唯一肺をもたず、皮膚呼吸する。

尾瀬登山口の檜枝岐村では、ハコネサンショウウオの燻製が地元の特産品となっている。

●箱根山椒魚●サンショウウオ科ハコネサンショウウオ属●本州の山地～亜高山帯／富士山・日本アルプス各地・八ヶ岳・丹沢・箱根・奥多摩・谷川連峰・尾瀬など●約10～19cm ●昆虫やクモ、巻き貝などの動物食●無毒

●和名 ●分類 ●主な生息域
●全長 ●活動期

昆虫

ゴマダラカミキリ

日本全国に分布するポピュラーなカミキリムシの一種。比較的大型。

全身黒っぽく、前翅にはつやがあり、白斑点が全体に散らばっている。この紋様と色合いが和名の由来。四肢と腹部には青白い毛が生え、前翅と違ってつやはない。触覚は体長の 1.2 ～ 2 倍ほどあり、背部の横に突起をもっている。

ミカンやイチジク、リンゴなどの果樹に寄生するため、有害駆除の対象となっている。

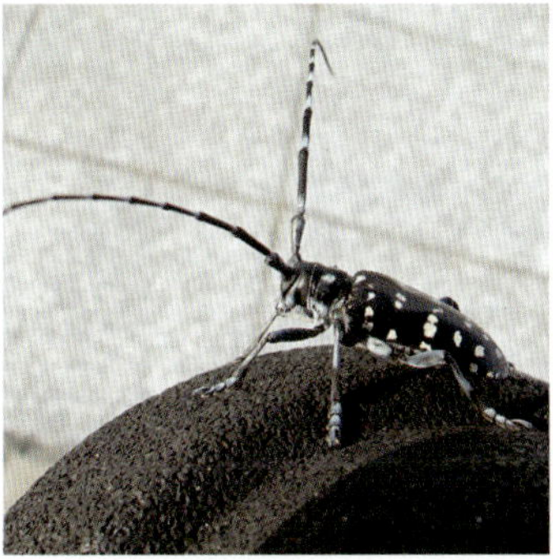

●胡麻斑髪切●カミキリムシ科ゴマダラカミキリ属●日本全国の山地や丘陵地／富士山・日本アルプス・八ヶ岳・丹沢・箱根・奥多摩・高尾山・奥武蔵・谷川連峰など●約2.5～3.5cm●6～8月

和名　分類　主な生息域
全長　活動期

ミヤマカミキリ

コナラやクヌギなどブナ科の落葉樹林内に生息する、カミキリムシ科では最大種の一種。

体は褐色で微毛に覆われ、日に当たると金色に輝く。発達したアゴをもち、かみ切る力は強い。胸部に入る横じわが特徴的で、つかむとキィキィ鳴く。６本の肢と触覚、複眼は黒みを帯びる。

夜行性でクワガタなどと同じコナラなどの樹液を吸いに集まり、登山道わきで出会うことも多い。果樹の食害を起こす。

深山髪切　カミキリムシ科カミキリ亜科　北海道・本州・四国・九州の山地や丘陵地／日本アルプス各地・八ヶ岳・丹沢・奥多摩・高尾山・谷川連峰など　約3.5～5.5cm　6～8月

コクワガタ

中国、台湾、朝鮮半島など東アジアに分布するクワガタの仲間。日本では九州以北の山地や丘陵地の落葉樹林内に生息。カブトムシと同様に、甘い樹液を出すコナラやクヌギ、ヤナギなどの落葉広葉樹や、朽ち木で見つけることが多い。

赤茶色で子供たちに人気のあるノコギリクワガタなどと比べると、縦長ながらも全体的に平たい姿をしていて、体色は黒い。オスはアゴに内歯（トゲ）を１対もっている。

小鍬形　クワガタムシ科オオクワガタ属　北海道・本州・四国・九州の山地や丘陵地／富士山・日本アルプス・八ヶ岳・丹沢・箱根・奥多摩・高尾山・奥武蔵・谷川連峰・尾瀬など　♂約2～5cm・♀約2～3cm　6～9月

●和名 ●分類 ●主な生息域
●全長 ●活動期

ミヤマクワガタ

日本全国に分布する、大型のクワガタムシの一種。ペットショップの店頭に並ぶこともある。

最大の特徴はオスの頭部にある、いかつい形をした耳状突起と、アゴの内側に突き出た鋭い内歯（トゲ）。オスは体側に淡い褐色の微毛が生えて、光に当てると金色に輝く。メスはつやのある黒色。

ヤナギの樹液を好み、ヤナギの生えている林道沿いなどで出会うことがある。よく飛翔する。

●深山鍬形●クワガタムシ科ミヤマクワガタ属●日本全国の山地／富士山・日本アルプス各地・八ヶ岳・丹沢・箱根・奥多摩・高尾山・奥武蔵・谷川連峰・尾瀬など●♂約3～7.2cm・♀約2.5～4.5cm ●6～9月

アカエゾゼミ

北海道や東北地方では平地でも見られる森林性のセミの仲間。関東地方以西では標高が1000mほどの山地にいるため、登山道わきなどで出会うことも。主にブナなどの広葉樹林内に生息する。

前胸部を黄色い枠が縁取り、胸部の背側にW字状の紋が入っている。紋の形は混生するエゾゼミとよく似ているが、翅脈を含めて黄色い部分が橙色に近い。「ギー」という鳴き声もエゾゼミよりも甲高く聞こえる。

●赤蝦夷蝉●セミ科エゾゼミ属●北海道・本州・四国・九州の山地／北アルプス・丹沢・箱根・奥多摩・高尾山・奥武蔵・谷川連峰など●4～4.5cm ●7月中旬～9月中旬

●和名 ●分類 ●主な生息域
●全長 ●活動期

エゾハルゼミ

　名前にエゾがつくが、九州以北の山地に生息するハルゼミの仲間。主にブナ科の広葉樹林に棲み、初夏に「オーギー、オーギー、キェキェキェ」と大合唱。ヒグラシの鳴き声のように聞こえることも。

　細身の体は全体的に明るい褐色で、頭部から胸部にかけて黄緑色に黒い紋が入り、腹部が褐色。翅は黒っぽい翅脈を除けば透明。比較的低い木の枝先にいることもあり、飛翔も苦手に見える。

●蝦夷春蝉●セミ科ハルゼミ属●北海道・本州・四国・九州の山地／富士山・日本アルプス各地・八ヶ岳・丹沢・箱根・奥多摩・高尾山・奥武蔵・谷川連峰・尾瀬など●2.5～3.5cm●5～7月

アサギマダラ

　東アジアからヒマラヤまで分布するタテハチョウ科の一種。富士山五合目で見られるなど、夏は標高の高い山地にいる。前翅は黒、後翅は茶色をしていて、内側に大きさの異なる白い斑点が散在。色合いはあでやかで美しい。またゆっくりはばたく姿は優雅だ。

　夏は標高の高い山地にいるため登山道で見かけることも多いが、秋には南西諸島や台湾に渡り、中には2000kmを渡った例も報告されている。

●浅葱斑●タテハチョウ科アサギマダラ属●日本全国の山地／富士山・日本アルプス各地・八ヶ岳・丹沢・箱根・奥多摩・高尾山・奥武蔵・谷川連峰・尾瀬など●約5～6cm（前翅長）●5～10月

●和名 ●分類 ●主な生息域
●全長 ●活動期

オオムラサキ

日本の国蝶。九州以北の山地や丘陵地の落葉樹林内に生息。翅を開くと10cmを超える大型のチョウで、翅のあでやかな色合いが美しい。

オスの前後翅ともに表面は下部が暗褐色、上部が鮮やかな青紫色で、黄斑と白斑が散在する。翅の裏面は白か黄色で、北のものほど黄色みが強い。

落葉樹林内に普通に見られるチョウで、翅を閉じると美しい表側が見えず、気づかれないこともある。

●大紫●タテハチョウ科オオムラサキ属●北海道・本州・四国・九州の山地や丘陵地／富士山・日本アルプス・八ヶ岳・丹沢・奥多摩・高尾山・奥武蔵・谷川連峰など●約5～5.5cm(前翅長)●6～7月

クモマツマキチョウ

クモツキの通称名で、チョウ愛好家に親しまれるシロチョウ科の一種。平地にも生息しているツマキチョウの近縁種で、南北アルプスや八ヶ岳などの高山に分布する、いわゆる高山蝶だ。

白色の翅をもち、オスの前翅上部は明るい橙色、メスは灰色。翅裏には灰緑色のまだら模様が入る。

幼虫の食草は、高山植物のミヤマハタザオなどアブラナ科の仲間。成虫はミヤマハタザオやスミレの花の蜜を吸う。

●雲間褄黄蝶●シロチョウ科クモマツマキチョウ属●本州(中部)の高山帯／南アルプス・北アルプス・戸隠山・妙高山・八ヶ岳など●約2～3cm(前翅長)●5～7月

●和名 ●分類 ●主な生息域
●全長 ●活動期

タカネキマダラセセリ

小型のセセリチョウの仲間で、日本では北アルプスと南アルプスの標高約1600mの限られた場所に生息する高山蝶。

全体が濃い褐色で、前翅、後翅ともに黄色い斑模様が入る。裏面は淡い褐色に表面と同じような斑紋が入り、頭部から腹部まで、体は褐色の毛に覆われている。

セセリチョウの仲間はガと間違われやすいが、本種も留まるときは多くのガのように翅を開いて留まる。

●高嶺黄斑挵●セセリチョウ科チョウセンキボシセセリ亜科●本州(中部)の亜高山帯／南アルプス(仙丈岳周辺)・北アルプスなど●約1.5～1.7cm(前翅長)●6～8月

ミヤマシロチョウ

モンシロチョウなども同じ仲間となるシロチョウ科の一種。日本では南アルプスなどの、標高約1500～2000mの亜高山帯に生息している。

成虫の翅は白色で、翅の縁と翅脈が黒く、後翅裏側の基部に明るい黄色の斑点が入っている。頭部から腹部までは黒い毛に覆われている。

アゲハチョウ科のウスバシロチョウと似ているが、後翅脈の数が9本(ウスバシロチョウは8本)ある。

●深山白蝶●シロチョウ科シロチョウ亜科●本州(中部)の亜高山帯／南アルプス・八ヶ岳・浅間山・谷川連峰など●約3～4cm(前翅長)●7～8月

●和名 ●分類 ●主な生息域
●全長 ●活動期

ミヤマモンキチョウ

平地に棲む、モンキチョウの近縁種。日本には、北アルプスと浅間山系の2亜種がいて、標高2000mを超える亜高山帯から高山のハイマツ帯や草地で見られる。翅の色はオスの表側は黄色、メスは黄白色。ともに前後翅の縁が太い黒い紋で縁取られる。また、前翅の中央に小さな斑点があるのも特徴のひとつ。

幼虫の食草となるクロマメノキ（実が美味）の乱獲で生息数が減少、保護が進められている。

●深山紋黄蝶●シロチョウ科モンキチョウ属●本州（中部）の高山帯／北アルプス・浅間山など●約2.4～2.7cm（前翅長）●7月

オニヤンマ

夏の水辺でよく見られるトンボの仲間。主に丘陵地の河川や池沼の周辺、山地の渓流沿いなどに生息し、住宅地や公園に姿を見せることもある。

日本最大のトンボで、オスよりメスの方が大きい。体色は黒く、胸部に2本の黄色い帯、腹部の節に横縞の黄色い縞模様が規則的に入っている。緑色の複眼をもち、複眼は中央がわずかにつく程度。離れているサナエトンボ科との違いだ。飛翔中心のトンボの一種。

●鬼蜻蜓●オニヤンマ科オニヤンマ属●全国の山地や丘陵地／富士山・日本アルプス各地・八ヶ岳・箱根・奥多摩・高尾山・奥武蔵・谷川連峰・尾瀬など●約7～9cm●6～9月●ガや小型のトンボ、アブなどを食べる動物食

●和名 ●分類 ●主な生息域
●全長 ●活動期

ミヤマカワトンボ

九州以北の山地の渓流に棲むカワトンボ科のトンボの一種。カワトンボ科では最も大きく、羽をチョウのように羽ばたかせながら飛ぶ姿は、離れていてもよく目立つ。

褐色の羽が特徴で、後部に暗褐色の帯が横に入る。また、オスは腹部全体が青色で金属光沢を帯びている。メスは全体的に淡い褐色で、オスのような金属光沢はない。均翅亜目（前翅と後翅がほぼ同じ形で、留まっているとき羽を閉じる）。

●深山川蜻蛉●カワトンボ科アオハダトンボ属●北海道・本州・四国・九州の山地／北アルプス・八ヶ岳・箱根・奥多摩・高尾山など●約6.5～7.5cm●5～9月

ルリイトトンボ

東アジアに分布するイトトンボ科の仲間。日本では比較的標高の高い山地～亜高山帯にある池沼に生息する。名前通りに瑠璃色を全体にまとい、美しい。雌雄ともに同じ大きさで、瑠璃色になるのはオス。黄緑色が多いメスにもオスと同じ青型がいる。

発生は6～8月で、羽化後に林内で成熟。オスは池沼に戻って縄張りをつくる。環境悪化で個体数が減少、準絶滅危惧種に指定した地方もある。

●瑠璃糸蜻蛉●イトトンボ科ルリイトトンボ属●北海道・中部地方以北の本州の山地～亜高山帯／北アルプス・八ヶ岳・尾瀬など●約2.5～3.5cm●6～8月

●和名 ●分類 ●主な生息域
●全長 ●活動期

魚類

アジメドジョウ

河川の中上流、ときには最上流の渓流域にまで姿を見せるドジョウの仲間。細長く、体側に縞模様があるため、中流域に生息するシマドジョウと間違えることがある。

細長く、背部に不規則な流れ紋があり、楕円状の紋をもつシマドジョウと見分けがつく。背ビレや胸ビレ、尻ビレともに後方に寄っているところも異なる。

藻中心の食性で生臭さがなく、ドジョウの中では最も美味とされる。

●味女泥鰌●ドジョウ科アジメドジョウ属●本州(中部～近畿地方)の河川中上流域／北アルプス・中央アルプスなど●約8～10cm(全長)●水生昆虫などの動物食

●和名 ●分類 ●主な生息域
●全長 ●食性

アブラハヤ

河川の上流域、それも冷水の渓流域でよく見られるコイ科の魚。大きくなっても15cmほどの小型の魚で、河川の淵や緩流部で流下物を待ちかまえている。

全体が明るい褐色で、体に比して目は大きく、ヒレも大きめで、側線下部が黒い。鱗が小さく、皮膚に強いぬめりをもつのが大きな特徴。

群れになっていることが多く、登山道わきの流れで泳ぐ姿が見られる。尾瀬沼にもいる。

●油鮠●コイ科アブラハヤ属●本州(太平洋側は岡山県以北・日本海側は福井県以北)の河川上流域や池沼／富士山・日本アルプス各地・八ヶ岳・丹沢・箱根・奥多摩・高尾山・奥武蔵・谷川連峰・尾瀬など●約12～15cm(全長)●水生昆虫や藻などの雑食

ウグイ

河川中上流域や池沼に棲むコイ科の一種。俗にハヤと呼ばれることが多いが、ハヤはコイ科の魚で河川を速く泳ぎ、群れで生活する魚の総称。

体色は緑色がかった銀色で、体側に黒い帯が入り、産卵期に入ると腹部に鮮やかな朱色の帯が出る。鱗は小さめで、口はおちょぼ口で愛らしい。群れでいることが多く、人影が近づくとすぐに逃げる。淵の澱みや瀬の緩流部にいるため、人目につきやすい。

●鯎・石斑魚●コイ科ウグイ属●北海道・本州・四国・九州の河川上流域／日本アルプス各地・八ヶ岳・丹沢・箱根・奥多摩・高尾山・奥武蔵・谷川連峰・尾瀬など●約20～30cm(全長)●水生昆虫や流下昆虫、藻類などの雑食

●和名 ●分類 ●主な生息域
●全長 ●食性

タカハヤ

中部地方以西の河川の上流域に棲む、コイ科アブラハヤ属の一種。

同じ渓流域を好み、より大型になるサケ科のヤマメやアマゴ、イワナなどとは棲み分け、またアブラハヤと混生している中部地方の川では、アブラハヤより上流の優位の位置を占める。

アブラハヤとよく似た姿で体色は暗褐色、体側に薄く黒帯が入る。背ビレが後方につき、尾のつけ根は体側側に偏平し、太いのが大きな特徴だ。

●高鮠●コイ科アブラハヤ属●本州(富山県・静岡県以西)・四国・九州の河川上流域／南アルプス・北アルプスなど●約10～12cm(全長)●水生昆虫や藻類などの雑食

アユ

美しい流れに生息する日本の代表的な清流魚で、北海道から沖縄まで分布。海で幼魚時代を送り、初夏から川の上流域まで遡上する。沖縄・奄美諸島の川にいるリュウキュウアユは亜種で、琵琶湖産のアユも遺伝系統は異なる。

サケ科と同じ脂ビレをもち、全身くすんだ緑色。胸ビレ後方には独特の黄斑をもっているのが大きな特徴だ。夏の固体はウリのような甘い香りを放ち、各地に専門料理店もあるほど美味。

●鮎●キュウリオ科アユ属●本州・四国・九州・沖縄の河川中上流域／日本アルプス各地・丹沢・伊豆・奥多摩・奥武蔵・谷川連峰など●10～30cm(全長)●幼魚は水生昆虫も食べる雑食、生魚は珪藻類を主食にする草食

●和名 ●分類 ●主な生息域
●全長 ●食性

ニジマス

世界の自然分布は、北アメリカとカムチャツカ半島流入河川。日本には明治年間に移入され、九州以北で河川放流。酸素量が多く、水温が20度Cを超えない冷水域を好むため、主に河川上流部に分布している。

銀白色の体色で、全体に黒点が散らばる。体側に赤色の帯が走るため、ニジマスの名がある。

性格はどん欲で大型になり、登山道わきの渓流や水質のよい池沼に放流、目にすることも多い。

●虹鱒●サケ科サケ属●移入種／富士山・日本アルプス各地・八ヶ岳・丹沢・箱根・奥多摩・谷川連峰など●約40～80cm(全長)●水生昆虫や小魚などの動物食

ヤマメ

鱒寿司などに使われるサクラマスの陸封型。一生を淡水で送るため最大でも35cmほどにしかならず、よく似た亜種のアマゴ（神奈川県以西の太平洋側と瀬戸内海に面した九州に生息）と棲み分けている。銀白色の体色で、背部は黒ずみ、体側にサケ科稚魚独特の小判形のパーマーク（幼魚紋）と、脂ビレをもつ。

釣り人など危害を加える者がいなければ、登山道の流れでも、のんびり泳ぐ姿が見られる。

●山女魚●サケ科サケ属●北海道・本州(日本海側全域・神奈川県以北の太平洋側)・九州(瀬戸内海側を除く)の河川上流域／富士山・北アルプス・八ヶ岳・丹沢・箱根・奥多摩・谷川連峰など●約25～30cm(全長)●水生昆虫や小魚などの動物食

●和名 ●分類 ●主な生息域
●全長 ●食性

イワナ

日本のイワナにはエゾイワナ（降海型はアメマス）など5亜種がいて、地方で棲み分け、体側の斑点の色など地域差が大きい。

基本的な形態は、体色が明るい褐色、体側に白色から黄色、赤色の斑点が散在する。サケ同様に口が大きく脂ビレをもち、エサを見逃さないどん欲な食性をもつ。

河川の渓流域に棲み、神経質で人影が近づくとすぐに石の裏に隠れる。北アルプスを流れる梓川や尾瀬などでよく見られる。

●岩魚●サケ科イワナ属●北海道・本州の河川上流域／日本アルプス各地・八ヶ岳・谷川連峰・尾瀬・朝日連峰・日高山脈など●約25～50cm（全長）●水生昆虫や流下昆虫、小魚などの動物食

カジカ

主に本州の河川最上流域に生息するハゼに似たカジカ科の仲間。日本固有種で、生息場所の違いで3タイプがいる。このうち登山道わきの渓流などで見られるものは、河川陸封タイプがほとんど。

頭が大きく、顔はカエルに似ている。胸ビレが大きく、背ビレは前後2つに分かれ、尾ビレは丸みを帯びる。体色は明るい褐色で、体側に黒い横縞が入る。

美味で鍋料理などに利用される。

●河鹿●カジカ科カジカ属●本州・四国・九州の河川上流域／日本アルプス各地・八ヶ岳・谷川連峰など●約15cm（全長）●水生昆虫や小魚などの動物食

危険な野生動物との遭遇に注意

登山では天候異変や落石などによる事故に加え、野生動物との遭遇によるトラブルがある。遭遇は突発的な出会いがほとんどだから、前もって相手にこちらの存在を知らせるしかない。そこで有効なのがクマ除けの鈴など、警告音を発する道具の携帯である。筆者は何度もツキノワグマと遭遇しているが、鈴の携帯ばかりでなく、大声を出すなどの対策も怠りない。そのおかげで、クマだ！と気がついたときには、いつも一定の安全な距離がクマとの間にあることがわかる。

また、夏山では、スズメバチやマムシなど人に危害を加える昆虫や小動物も多い。これら有毒動物とのむやみな接近や刺激は避けるようにし、アブやヤマヒル対策には、忌避剤を塗っておくなどの事前策が効力を発揮する。

もしも野生動物に危害を加えられたらどうするか……。こうした事後対策も登山計画に入れておくことが大切だ。

クマ
クマにつけられたブナの傷跡。クマが出没する山域に入ったら十分注意し、鈴を鳴らしたり、大声で話すなど常にこちらの存在をクマに知らせることが大切。事前に出没情報も仕入れておこう。

マムシ
マムシの毒はハブよりも強い毒性（血管の細胞を破壊して出血させる出血毒）をもち、事故による死者も出ている。マムシが威嚇行動を見せたときは決して近づかないこと。

3

山の地形

白馬大雪渓

アイスバーン

雪が好天や雨などによってとけた後に、ふたたび凍結し氷状になった斜面のこと。アイゼンがほとんどきかないこともあり大変危険。似た状況に「クラスト」がある。⬇クラスト

赤布　あかぬの

わかりにくいコースに、目印としてつけられる赤い布やテープのこと。雪山ではルートを誤らないように、山小屋関係者などによって赤布を細い竹竿に巻き付け、目印にしているルートもある。また雪庇《せっぴ》（⬇）などルート上の危険箇所の目印にもされる。

道に迷わないよう山小屋関係者によってつけられた赤布

冬山でトレース（踏み跡）がない場所では、登山者が帰路を間違えないように持参することもある。白馬岳の大雪渓では、夏の最盛期には登山者がコースを誤らないように、赤色顔料のベンガラでラインをひいて、安全なコースを指示している。

⬇道標

頭　あたま

沢や谷の源流地点にそびえる小さなピークや、枝尾根が主尾根にぶつかる地点の小さなピークをいう。北アルプスの「屏風ノ頭」、「天狗ノ頭」などは固有名詞となっている。「○○のかしら」と呼んでいるのをよく聞くが、これは間違い。

北アルプス・屏風ノ頭。「びょうぶのあたま」と読む

馬返し《うまがえし》

俗世間と山の神の領域との境、つまり結界とされ、乗ってきた馬を返して、そこからは歩いて登ったことから「馬返し」と名付けられたところ。今でも富士山や日光などに地名として残っている。また、古来から、柱などを立て結界を示してきた地域もある。「ここから先は魔界域」という意味合いで、山仕事などで山に入るときに手を合わせ、一礼して入ったという地域もある。

吉田口の馬返しから登る正当派登山者

富士山の「馬返し」については、一九九六年に山梨県側の吉田口登山道が「歴史の道百選」に選ばれたことを受けて、地元自治体が周辺を整備し、山小屋・大文司屋（明大山荘）をシーズン中は「馬返し」のお休み処として開設、石鳥居と石畳も復元された。富士急・富士山駅から「馬返し」までの登山バスも運行されている。

右岸・左岸《うがん・さがん》

川の両岸は上流側から下流側を見て、右を右岸、左を左岸と呼ぶ。だから沢登りなどで沢を遡《さかのぼ》るときは右岸が左、左岸が右になる。「右岸を巻く」のと、「右側を巻く」では意味が逆になるので注意。

➡巻き道

黒部・針ノ木谷

浮き石《うきいし》

ガレ場などの岩場や沢を徒渉《としょう》する際、その上に乗ったり体重をかけるとグラグラ動く、不安定な石のこと。整備された一般登山道ではあまり見かけないが、沢を渡るときなど石に飛び移ったら、それが浮き石のためバランスを崩し、転倒することもあるので、不用意に飛び移らないようにしよう。沢登りなどでは川底に浮き石が多く存在する。

浮島《うきしま》

水草やミズゴケなどの植物が泥炭化して水面に浮いているもの。尾瀬ヶ原などの湿原にある池塘と呼ばれる池沼に多く見られる。

➡池塘

池塘に浮かぶ浮島は風で流される(尾瀬)

エビの尻尾《えびのしっぽ》

冬山で、霧など大気中の水分が地表の樹木などに付着して凍りつく現象を霧氷と呼ぶが、これは雪が岩などに張り付いて凍ったもの。エビの尻尾のような形に成長するのでこの名がある。なお、尻尾は風上に向ってのびて発達するので、そのエリアでの平均的な風向きを知ることができる。

きれいに発達したエビの尻尾(北八ヶ岳)

オベリスク

地蔵岳の岩塔は、その名も「オベリスク」

本来は古代エジプト時代に神殿などに立てられた石柱のこと。転じて、山頂にそびえる自然の岩塔をフランス語で「オベリスク」という。日本では南アルプスの地蔵岳（二七六四m）が有名。これは、主に花崗岩の節理（⬇）に沿って入りこんだ水が凍結と融解を繰り返し、岩盤が砕かれ、塔状の岩塊になったものだ。しかしオベリスクは一時的な地形構造物であり、凍結破砕を繰り返し、いずれは姿を消してしまう。ちなみに地学用語ではオベリスクとはいわず、岩塔を意味する英語「トア」という。地蔵岳のオベリスクは天気のいい日には甲府市内からも望むことができる。

カール

槍沢カールはスノーボードのハーフパイプのように見える

日本語では圏谷《けんこく》というが、ドイツ語の「カール」という言い方のほうが一般的だ。氷河の浸食によって山頂直下の斜面が窪んでいる地形で、「スプーンやお椀ですくったような」ということばで形容される。涸沢《からさわ》カール、槍沢カール、千畳敷カールなど、多くのカールがあるなかで、立山の山崎カールはとくに天然記念物に指定されている。山崎カールは一九〇五（明治三八）年に日本で最初に発見されたカールだ。黒部の薬師岳（二九二六m）にある金作谷カールなど四つのカールは「圏谷群」として一九五二（昭和二七）年に特別天然記念物に指定された。

ガス

ガスに包まれた奥穂高岳山頂

山腹の霧や雲のことを「ガス」と呼ぶ。山では山腹に沿って上昇気流が発生しやすく、上部で急に冷やされ水滴となってガスが発生することが多い。「ガスってきた」、「ガスる」などと使う。最初は、

「生意気な言い方だなぁ」と思ったものだが、濃い霧に覆われると「ガスってきた」という表現がぴったりくる。ガスられると展望がきかないし、ガスが濃いとからだが濡れてしまう。散々である。
　雪山でガスると、いわゆるホワイトアウト状態。方向を見失う危険が高いので、その場を動かないのが基本だ。

肩
かた

　山頂直下の比較的平らな稜線の部分。山を人間に例え、頂上を頭《あたま》として、直下の平らな部分を「肩」とした。南アルプス・北岳の「肩の小屋」や谷川岳「肩ノ小屋」が知られているが、槍ヶ岳直下の槍ヶ岳山荘は「槍の肩の小屋」と呼ばれることもある。

槍の肩に建つ槍ヶ岳山荘

ガレ場
がれば

　崖の下や沢などの側面が崩壊した礫《れき》地のこと。つまり、岩が崩れている場所。その状況を「ガレている」という。「ガレ場」といわれれば何となく意味が通じる、不思議なことばである。同じように「何となく意味が通じることば」は川に多い。
　たとえば、水がトロトロとゆっくり流れているから「トロ場」。大きな石がゴロゴロしているから「ゴーロ」。水がチャラチャラと流れている浅い瀬を「チャラ瀬」。水がガンガン流れている荒瀬を「ガンガン瀬」という。

北アルプス・涸沢のガレ場

観天望気 かんてんぼうき

富士山に笠雲がかかると雨になるといわれている

雲や風など大気の状態を観察して、天候を予想すること。「夕焼けは晴れ、朝焼けは雨になる」、「太陽や月に輪（暈《かさ》）がかかると雨か曇り」という気象伝承は広く浸透している。現地に長く居住する山小屋のスタッフや地元の古老などの予想は当たる確立が高いので、不安なときには尋ねてみるとよいだろう。

キレット

外国語のように聞こえるが日本語である。漢字で「切戸」の字を当てる。ピークとピークをつなぐ稜線が、V字型のように急峻に深く切れ落ちた鞍部《あんぶ》をさす。難所であることが多い。槍～穂高の「大キレット」、鹿島槍～五竜の「八峰キレット」、唐松～白馬の「不帰《かえらず》のキレット」は北アルプス三大キレットと呼ばれている。

本来は北アルプスの長野県側の呼び名で、富山県側ではこのような地形を「窓」と呼び、剱《つるぎ》岳の小窓・大窓などが知られている。

南岳と北穂高岳を結ぶ大キレット

銀座コース ぎんざこーす

北アルプスの縦走路のなかで、とくに人気の高いコースを「表銀座コース」・「裏銀座コース」と呼んでいる。「表銀座」は、「アルプス銀座」とも呼ばれ、燕《つばくろ》岳から大天井《おてんしょう》岳、西岳をへて東鎌尾根から槍ヶ岳への稜線をいう。北アルプス縦走の入門コースで、人気がある。いっぽう、「裏銀座」は、烏帽子《えぼし》岳、野口五郎岳、鷲羽《わしば》岳、双六《すごろく》岳から西鎌尾根を経て槍ヶ岳へのコース。裏銀座はアプローチが不便なうえ行程が長いため、表銀座にくらべれば登山者は少ない。最近は黒部方面から太郎山、黒部五郎岳、三俣蓮華《みつまたれんげ》岳を縦走し、裏銀座コースと出合って槍ヶ岳へのルートを「西銀座ダイヤモンドコース」と呼び始めたようだ。

表銀座コースの歴史は古い。深田久弥は一九〇〇年、「燕の方から槍へ向ったが、まだ喜作新道（即ち東鎌）は拓《ひら》かれていなかった。燕尾根から常念へ廻り、一ノ俣谷から中山峠で二ノ俣谷へ越え、それから槍沢に出た。東鎌尾根の道がつけられたのはその翌年であった」（『日本百名山』）と述べている。燕から槍まで四、五日かかっていたのだ。この東鎌尾根に道をつけたのが安曇野生まれの猟師で山案内人、小林喜作（一八七五～一九二三）である。安曇野市公式ホームページによると、『この道は、アルピニストの憧れをかきたてて止まない槍ヶ岳が最も美しく見え、高山植物が出迎える魅力的なコースで、喜作があたかも銀座を歩くかの様に歩いたことから、いつしか「北アルプスの表銀座」と呼ばれる人気道になります』とある。また、一説によると、喜作が当時、東京・銀座で流行していたファッションでいたことから「銀座」の名前がついたという。

表銀座コースにある小林喜作のレリーフ

草付き　くさつき

背丈の短い草に覆われた急斜面や岸壁のこと。雨天時は草が濡れて滑りやすくなるので登りにくい。草の根元をつかんで登れることもあるが、草が抜けたり土ごと取れることもあるので注意しなければならない。

くさり場・はしご場　くさりば・はしごば

登山者が誰でも、つかまって登るようにくさりやはしごを取り付けている場所だ。くさりが付いている場所を「くさり場」、はしごを取り付けている場所を「はしご場」という。くさり場やはしごを登る時は、先行者が登りきってから後続者が登るのが原則。ただし、くさりに全体重をかけて登っているとき、バランスを崩すと大きく振られることがあるので、注意が必要だ。あくまでも登山の補助手段として、自分の体でバランスを取りながら登るようにしたい。また、はしごは踏桟《ふみざん》を握るようにし、支柱を握ってはいけない。支柱を持つと足が滑ったときに、滑落する危険がある。登りやすいようになっているとはいえ、くさり場やはしご場で油断は禁物である。

涸沢から北穂へのルートにつけられたはしご

嵓　くら

岩の古語で、岩壁や大きな岩場のこと。「倉」と記されることもある。鳥甲《とりかぶと》山の白嵓、燧《ひうち》ヶ岳の俎嵓《まないたぐら》と柴安嵓《しばやすぐら》、谷川岳の一ノ倉沢、大台ヶ原・大蛇嵓などがよく知られている。

谷川岳・一ノ倉沢の岩壁

クラスト

クラストした斜面

積雪の表面が日光や風によって固まって氷になったもの。「クラスト状」という。太陽によって雪が一時とけて固まったものをサンクラスト、風によって固まったものをウインドクラストという。表面だけが凍る状態で、内側は意外と軟らかい。クラストが弱く踏むと割れるものをブレーカブルクラストという。⬇アイスバーン

ケルン

山頂や登山道などに、道標となるように石を積み上げたもの。英語の石塚の意味。道標としてプレートが取り付けられていることもあれば、ただ石を積んだだけのものもある。沢登りでは、巻き道や徒渉点などを示すためにケルンが積まれることもある。遭難者を弔って積んだり、そこに来た記念に積む人もいるので、道標としてはあまり信用してはいけない。⬇道標

遠見尾根のケルン

幻日《げんじつ》

太陽の横に光が見える気象現象。太陽の左右両方に見えることもある。空中に浮かぶ小さな氷の結晶がプリズムの働きをするため、虹のように色

槍ヶ岳で見た朝の幻日

がついて見えることが多い。幻日は太陽に近いほうが赤っぽい色、遠い方が青っぽい色になるが、夕陽では、青い部分が見えない。

ごぼう抜き

登山では、上から垂らされたロープやくさりを両手でつかみ、体重をかけて登る意味。垂直にぶら下がっている固定ロープをゴボウと称し、それを引き抜くように登るところからつけられた。

コル

ふたつの峰をむすんだ稜線上の、低くなっている鞍部を意味するフランス語。峠と同じような意味だ。「○○乗越（のっこし）」、「××越（こえ、こし）」などとも呼ばれる。涸沢岳と奥穂高岳の稜線上にある鞍部は「白出《しらだし》乗越」といわれてきたが、いつからか「白出のコル」と呼ばれるようになった。北アルプスでは水俣乗越や黒部乗越など、鞍部を「乗越」という場合が多い。いっぽう、「越」

は新潟・福島県境の「六十里越」、「八十里越」、中央アルプス「木《き》曽殿越《そどのごえ》」など。地域によって「乗越」、「越」が使い分けられているようだ。

白出のコルに建つ穂高岳山荘

最低鞍部

さいていあんぶ

槍・穂高縦走路にある最低鞍部の標識

稜線上で標高が一番低い地点。どの稜線にも最低鞍部となる地点は必ずあり、標識等で明確にされている。最低鞍部の地形がなだらかな場合もあれば、槍ヶ岳～北穂高岳の稜線のように、鋭く切れ落ちている場所もある。槍ヶ岳から北穂高岳へのルートでは、標高二七四八メートルの地点に「最低コル」と呼ばれている最低鞍部がある。鞍部をフランス語のコルに変えただけの名前だが、ネーミングとしてはイマイチだ。

ザイテングラート

ドイツ語で主稜に対する側稜をさすことばだが、わが国では北アルプスの涸沢から奥穂高岳・白出のコルに続く尾根の名称である。大正から昭和初期にかけて、大学山岳部が付けた横文字の名前のひとつ。⬇ジャンダルム

涸沢にのびる側稜、ザイテングラート

山塊《さんかい》

『広辞苑』では「断層で周囲を限られた山地」とあるが、地震国日本では国中に縦横に断層がのび、どこをさしても「断層で周囲を限られた山地」となってしまうので、この説明はあまり意味をもたない。一般的には山脈でない山地帯をさすことばとして用いられ、山脈として連なっていない山群を「山塊」と呼んでいる。たとえば神奈川県の丹沢周辺は地図では「丹沢山地」となっているが、登山者は丹沢山塊と呼ぶことが多い。他に新潟県の下田山塊、秋田・岩手県境の和賀山塊などが知られている。

高尾山から望む丹沢山塊

三角点　さんかくてん

尾瀬・至仏山頂の二等三角点

国土地理院の地形図は、図上に三角形を描いていく測量方式によって作成されていた。その測量標のひとつで、三角形の頂点にあたる基準点のこと。四角いコンクリートの石柱の上面に「＋」を刻み、地面に埋め込まれている。山岳地帯では一等〜四等三角点まであるが、山のランク付けではない。二等、三等三角形のある山頂が、近くの一等三角点のある山頂より高い場合もある。➡標高

自然林　しぜんりん

人が植えた人工林に対して使われることばで、自然のままに形成された森林。生態学の用語として用いられることが多い。自然林と似たややこしいことばに「天然林」というのがある。同じような意味なのだが、こちらは林業（林学）用語。林業は生業《なりわい》であるため、「伐採」を想定しているところが大きく違っている。伐採されたあとに自然に再生した森林は「二次林」という。ちなみに、国有林野用語では伐採を「収穫」という。

八幡平のブナの自然林。新緑のブナ林は美しい

湿原　しつげん

湿原は低温・過湿の土壌に発達した草原のことで、「低層湿原」「中間湿原」「高層湿原」の三種類に区分される。高層湿原といえば尾瀬が有名だが、標高の高い場所にあるから「高層湿原」とい

日本を代表する湿原、尾瀬

うわけではない。湿原は、低層湿原→中間湿原→高層湿原→乾燥化→森林というプロセスをたどる。湿原は、湖や沼地で枯れた植物が低温などのために腐らず、そのまま水底に少しずつ溜まっていき泥炭化することからはじまる。泥炭層が薄く、アシやスゲ、ミズバショウなどの仲間が繁茂する。この段階が「低層湿原」だ。その後、泥炭層が厚くなり、アシなどが姿を消しヌマガヤが増えてくる。この状態を「中間湿原」という。ワタスゲやニッコウキスゲなども「中間湿原」の代表的な植物だ。泥炭層がさらに厚くなるとミズゴケ、ツルコケモモ、ナガバノモウセンゴケなどが繁茂する「高層湿原」となる。尾瀬では低層湿原、中間湿原、高層湿原のすべてが見られる。

ジャンダルム

奥穂高にそびえるジャンダルム

フランス語で憲兵の意味だが、転じて「前衛峰」の意味で使われている。山の名前でもっとも有名な「ジャンダルム」は、奥穂高岳山頂近く、西穂高岳へとのびる稜線に大きく天を突くドーム状の岩稜である。標高は三一六三メートルで奥穂高岳の前衛峰という位置付け。どうしてこうした横文字の名前がついたのか、深田久弥は『日本百名山』の「穂高岳」でふれている。「当時の前衛的な大学山岳部の若者たちは競ってこの山を目ざした。彼等は次々と新しい登攀ルートを開いて行った。そしてジャンダルムだの、ロバの耳だの、クラック尾根だの、松高ルンゼだのと、西欧アルプス風な名が到る所の岩場に付けられたのは、昭和になってからであった」。
剱岳・三ノ窓のチンネにもジャンダルムと呼ばれる岩稜がある。

シュカブラ

風にさらされた雪面にできる波状の紋様。ノルウェー語の「吹きだまり」を意味する「skavla」のドイツ語的読みという見方が一般的だ。「スカブラ」とも呼ばれるが、これはフランス語的に読んだもの。スカンジナビアの言語は日本人になじみが薄いため、登山用語として多用されるドイツ語、フランス語読みになったものと思われる。砂漠などで見られる砂紋で、風によって地表に形成される風紋にたとえ、「雪紋」や「風雪紋」といわれることもある。

流線模様のシュカブラ

新道　しんどう

読んで字のごとく「新しい道」である。北アルプスでは、表銀座コース、東鎌尾根の喜作新道、上高地から穂高岳への重太郎新道、湯俣川から三俣山荘までの伊藤新道、新穂高温泉から双六小屋までの小池新道など、開設者の名前がつけられている場合が多い。開設者の多くは山小屋の主人だ。
奥黒部ヒュッテから赤牛岳への読売新道は、読売新聞社が北陸支社開設の記念事業として整備した登山道だ。槍平小屋から槍・穂高縦走路の南岳小屋までの南岳新道のように地名を冠した道もある。

➡ 銀座コース

森林限界　しんりんげんかい

中部山岳地帯では亜高山帯までトウヒやダケカンバなどの樹木が分布するが、高山帯になるとハイマツなどの低木や草しか生育しなくなる。この植生変化の付近を「森林限界」という。
森林限界は、気温、積雪などの気候条件や土壌などに左右されるため、必ずしも標高が横一線で同じとは限らない。北海道・旭岳付近では標高一五〇〇メートルで森林限界となる。⇨垂直分布

水系《すいけい》

降った雨は集まって沢となり、最後は一本の河川に集まり、海に流れる。その降雨エリアを集水域といい、集水域に流れる川の系統を「水系」という。北アルプス・上高地を流れる梓川は、松本市街で奈良井川と合流して犀川となり、長野市・川中島で千曲川に合流、新潟県に入ると信濃川と名を変え、日本海に注ぐ。つまり、梓川を水系で説明するなら「信濃川水系犀川支流梓川」ということになる。

新緑の上高地。梓川の水は信濃川として日本海に流れる

垂直分布《すいちょくぶんぷ》

生物や植生などの分布は標高によって違ってくる。一般に一〇〇メートル登ると気温は〇・六度下がるが、植生も標高の変化とともに変わってくる。これを「垂直分布」という。中部地方を例にとると、まず標高五〇〇メートルほどまでを「丘陵帯」という。標高五〇〇〜一五〇〇メートルまでは「山

ハイマツに覆われた槍沢の通称「グリーンバンド」

地帯」。一五〇〇～二五〇〇メートルくらいまでが「亜高山帯」。二五〇〇メートルを過ぎると「高山帯」だ。それぞれの標高に適した植物が植生している。一般に高山植物といわれる植物は一五〇〇メートルより高いところに分布している。ところが、北海道では海岸のすぐ脇に中部山岳地方でいう高山植物が生育している。緯度が高くなると植物の分布が違ってくることを「水平分布」といい、標高差による垂直分布にたいし緯度の差によるものだ。

「高山帯」は、低温・低圧（空気が薄い）、強風、紫外線が強いなどといった苛酷な環境だ。高山帯に生息している動植物は、繁殖可能な期間が非常に短く、植物は苛酷な環境に耐えられる、小型の多年生草本（高山植物）や小低木（ハイマツなど）が生育している。これらを食性にしている動物もいる。植物が地表に出ている期間は雪がない間であるが、動物は一年を通じて行動している。高山帯の定義は国あるいは研究者によって異なるが、森林限界より上の標高を高山帯とするのは、世界共通である。

一方、「水平分布」では「暖温帯」「冷温帯」「亜寒帯」「寒帯」と分類される。樹木で見ると、「低山帯（暖温帯）」は常緑広葉樹林が主で、シイ類、カシ類、タブ、クスノキ、ツバキなど。「山地帯（冷温帯）」は落葉広葉樹林が主で、ブナ、ミズナラ、トチノキ、カツラ、カエデ類など。「亜高山帯（亜寒帯）」は常緑針葉樹林が主で、北海道ではトドマツやエゾマツ、本州ではシラビソ、オオシラビソ、コメツガなど。「高山帯（寒帯）」は小低木のハイマツやアオノツガザクラなどが見られる。

ズリ

ガレ場と同じように、斜面に岩がごろごろしているが、鉱山から出た岩石を捨てた場所を「ズリ」という。鉱山では、採掘しても価値のある鉱物がほとんど含まれていない岩石を、かつては坑道入口近くの斜面に捨てていた。風景的にはガレ場で

群馬県某所のズリ

ある。しかし、捨てた石に価値がないと判断するのは採掘業者。経済的に採算はとれないが、貴重な鉱物がとれるズリも多い。鉱物マニアはこぞってズリの石を叩き、お宝を探し求める。↓ガレ場

雪煙　せつえん

積もった雪や氷の粒が強風で巻き上げられる現象。国語辞典の読み方は「ゆきけむり」だが、山ヤは「せつえん」といっている。遠くで見る雪煙はきれいだが、雪煙の中はブリザード（地吹雪）的状態。雪とは書くが、実際は氷片である。

雪煙は見た目はきれいだが……

雪渓　雪田　せっけい　せつでん

高山帯では、夏になっても雪がとけずに残っている場所がある。そのなかで、斜面に残っている雪や、雪崩《なだ》れて谷などを埋めた雪のことを「雪渓」という。

白馬大雪渓

雪田が点在する小蓮華岳

白馬岳の大雪渓、針ノ木岳の針ノ木雪渓、剱岳

の劔沢雪渓は、日本三大雪渓といわれ、なかでも白馬大雪渓は、夏期でも、幅約一〇〇メートル、長さ約三・五キロにも及ぶ。一方、窪地になったところなどに、吹き溜まりの雪がいつまでも消えずに残っているものを「雪田」という。
　夏でも雪の残っている状態を「雪渓」という人がいるが、これは間違い。

雪庇　せっぴ

　稜線上に降った雪が、風によって風下側にせり出すように積雪したもの。冬の稜線歩きでは、踏み抜かないよう細心の注意が必要である。積雪時に家屋の屋根の庇《ひさし》に雪がせり出している状態と同じような感じだ。

節理　せつり

　マグマが冷却して生じた規則性のある割れ目。節理には、柱状になった「柱状節理」、直方体状になった「方状節理」、板状になった「板状節理」、割れた岩体が放射状になる「放射状節理」がある。柱状節理は奥穂高岳南陵が有名だが、伊豆の山中や七滝周辺でもよく見かける。奥秩父・金峰山の五丈岩は方状節理だ。

奥穂南陵の柱状節理

尖峰　せんぽう

　氷食作用によってつくられたピラミッド型の岩峰。「氷食尖峰《ひょうしょくせんぽう》」ともいわれる。カールの形成にともなってあらわれやすい地形で、三方向、あるいは四方向が氷河に削られたカール壁によってできて

槍ヶ岳は代表的な氷食尖峰だ

いる。山頂が鋭く尖っていることからその名がつけられた。ドイツ語では「ホルン」と呼ばれ「牛の角」の意味。ヨーロッパアルプスのマッターホルンが有名だ。日本でも北アルプスの槍ヶ岳、涸沢槍、剱岳などがこれにあたる。

双耳峰　そうじほう

動物の耳のようにふたつのピークが並んでいる山をいう。谷川岳や鹿島槍ヶ岳などが有名で、谷川岳のふたつのピークは「トマノ耳」「オキノ耳」、鹿島槍ヶ岳は「北峰」「南峰」と呼ばれている。ちなみに、谷川岳の「耳」はピークのことで、「トマ」は「とば＝入口」の意味、オキは「おく＝奥」「沖」の意味だ。

「耳二つ」と呼ばれていた谷川岳

「しかるに五万分の一の地図に山名が誤記されたので、名称の混乱がおこった。現在の谷川岳は古来『耳二つ』と呼ばれていた。そしてさらに、その『耳二つ』の北峰オキノ耳を谷川富士、南峰トマノ耳を薬師岳と称していた。そして谷川岳という名は、今の谷川の奥にある俎嵓《まないたぐら》に付せられていたのだという。木暮理太郎氏や武田久吉氏など古くから上越の山に親しんだ先輩は、しきりに正しい呼びかたを叫んだが、マスコミ的大勢は如何《いかん》ともすることができず、今では『耳二つ』を谷川岳と呼ぶことは決定的になってしまった。」（『日本百名山』深田久弥）

独立峰　どくりつほう

ただ一座で独立している山のこと。単独峰とも呼ばれる。富士山が有名だが、正式な定義はなく、山地に属していない高い山だけを単独峰と見なす考え方や、山地、山脈に属していても他の峰々と離れている比較的高い山を独立峰と見なす考え方がある。火山が多い。深田久弥の『日本百名山』では「東京の高い建物から見える独立した山と言えば、富士と筑波である」と述べているが、筑波山は八溝山地最南端の筑波山塊に含まれると解釈されることもある。

独立峰の代表、富士山

池塘《ちとう》

尾瀬ヶ原の池塘群

高層湿原が形成される過程で、堆積した泥炭層のなかに、水が入りこむことによって形成される池沼。池塘と池塘が離れていても、地下の水路でつながっていることがある。泥炭層の一部が浮島として浮遊している池塘もある。尾瀬ヶ原には約一八〇〇個もの池塘がある。

⇩湿原 ⇩浮島

吊尾根《つりおね》

ふたつの山頂を結んでいる尾根が、吊り橋のロープのように弓なりに湾曲している尾根をいう。前穂高岳〜奥穂高岳の吊尾根、鹿島槍ヶ岳の北峰〜南峰の吊尾根が有名だ。

双耳峰である鹿島槍ヶ岳の北峰（右のピーク）と南峰を結ぶ吊尾根

出合《であい》

二本の沢や川が合流する地点。支流にあたる沢の名前を取って「〇〇沢出合」と呼ばれる。例えば、黒部川とその支流である薬師沢が出合う場所は「薬師沢出合」という。

黒部・薬師沢出合。左から流れ込んでいるのが薬師沢だ

デブリ

破片、崩壊物を意味するフランス語だが、登山では主に雪崩れて堆積している雪の塊をいう。デブリがあるということは、また雪崩があるかもしれないので、できれば避けて通るようにしたい。また広く「ゴミ」の意味で、F1などの自動車レースではコース上に落ちたマシンの破片やゴミ、宇宙に漂う人工衛星の破片などをデブリという。

北アルプス・本谷のデブリ

道標《どうひょう》

分岐点などで登山者が迷わないよう、行き先や距離、そこまでの時間などを書いた道案内の標識。指導標ともいう。岩にペンキで表示したり、木の枝などに赤いテープや布切れを巻いたものもある。ペンキでは丸印や矢印は正しいコース、×印は通行不可を表す。⬇赤布

黒部・雲ノ平の道標。ほぼ平らな地形で、ガスなどで視界がきかなくなったとき、ルートを間違えないように

独標　どっぴょう

独立標高点の略。地図の測量の際に、位置と高さを測定して標石を設置した場所だが、槍ヶ岳の北鎌尾根の独標や西穂高岳の独標は固有名詞になっている。

トリコニー

3本の鋲がそそり立つ奥穂南陵のトリコニー

登山靴のソールつまり土踏まずの部分に付ける金具であり、それをつくっていた会社の名。鋲靴《びょうか》を意味するフランス語である。かつてキャラバンシューズなどの登山靴にもトリコニーが使われていた。転じて、鋲の形に似ている岩峰を「トリコニー」と呼ぶようになった。奥穂高岳の南陵にあるトリコニーが有名だ。

トレース

踏み跡のこと。雪山では、先行者がいると雪道のトレースができている。トレースがあると歩きやすいが、先行者が別ルートに分かれるために歩いた可能性もあるので、雪道ではトレースを過信しないで、地図や高度計で常に現在地と目的地を確認しなければならない。先行者がいない、つまりトレースのない雪山ではラッセルを強いられる。

人気のルートは冬でもトレースがつく

↓巻き道

ナイフエッジ

ナイフの刃のように切り立った岩稜をさす。奥穂高岳の馬の背は典型的なナイフエッジといわれる。似たことばに「ナイフリッジ」があるが、これは和製英語。このふたつのことばは混同して使われることが多い。

大キレットの難所、長谷川ピークはナイフの刃のように切り立っている

バットレス

山頂や稜線直下に切り立っている岩壁のこと。本来は建築用語で、壁を補強するためにつくられた支えの意味だが、南アルプスの「北岳バットレス」など固有名詞として使われている。北岳バットレスは北岳の東面にある高さ約六〇〇メートルの岩壁で、日本山岳会初代会長の小島烏水《こじまうすい》（一八七三～一九四八年）によって命名された。

非対称山稜
ひたいしょうさんりょう

稜線（山稜）を境に片側は緩やかな勾配をもつ斜面でありながら、反対側が急斜面になっている地形。最も顕著な例が北アルプスの白馬岳で、南北の稜線で、西側の富山県側の斜面は緩やかであるのに対し、東の長野県側は断崖となっている。一般的に気候と氷河が大きく関係しているといわれている。

白馬岳は典型的な非対称山稜だ

氷河《ひょうが》

日本には氷河の痕跡はあっても、氷河は現存しないといわれてきた。だが二〇一二年、日本雪氷学会が立山の御前沢雪渓、剱岳の三ノ窓雪渓、同じく小窓雪渓は、雪渓ではなく氷河であると認定し、それぞれ「御前沢氷河」、「三ノ窓氷河」、「小窓氷河」と命名した。

標高《ひょうこう》

近年、人工衛星からの情報（GNSS）により、従来地図上に表記されてきた山岳標高（三角点）の数値に変更がされつつある。国土地理院は、二〇一四年四月一日、標高の改訂を発表した。それによると標高が高くなった山が四八、低くなった山が三九。いずれも、高低差一メートルとなっている。傾向としては、中部山岳地域の標高が「高く」改訂され、北海道・東北の山は「低く」改訂された。登山客になじみのある山としては南沢岳《みなみさわたけ》（富山・長野県）、間ノ岳《あいのだけ》（山梨・静岡県）、荒川岳（静岡県）赤石岳（長野・静岡県）など。これまで慣れ親しんできた標高、とくに標高ベストテンにはいるような高山の標高が変わってしまうのは、ちょっとしたカルチャーショックでもある。また、資料によって標高にばらつきが生じているのが現状。詳しくは国土地理院のサイトを参照。http://www.gsi.go.jp/kihonjohochousa/kihonjohochousa60009.html

主な山の標高改訂

◎高くなった主な山

・女峰山（栃木県）二三七五m→二三七六m
・皇海山《すかいさん》（栃木・群馬県）二一四三m→二一四四m
・南沢岳（富山・長野県）二六二五m→二六二六m
・間ノ岳（山梨・静岡県）三一八九m→三一九〇m
・唐沢岳（長野県）二六三二m→二六三三m
・笠ヶ岳（岐阜県）二八九七m→二八九八m
・赤石岳（長野・静岡県）三一二〇m→三一二一m
・荒川岳（静岡県）三〇八三m→三〇八四m

◎低くなった主な山

・幌尻岳《ほろしりだけ》（北海道）二〇五三m→二〇五二m

・栗駒山（岩手県）一六二七m→一六二六m

・安達太良山（福島県）一七一〇m→一七〇九m

・黒姫山（新潟県）一二二三m→一二二二m

・金時山（神奈川県）一二一三m→一二一二m

V字谷《ぶいじこく》　U字谷《ゆうじこく》

河川の浸食作用によって川底が下方にえぐられ、谷底が狭くなって横断面がアルファベットの「V」字のようになった谷を「V字谷」という。V字谷とよく似た谷地形に「U字谷」がある。これは氷河の移動による氷食作用によってできる地形で、横断面がアルファベットの「U」字。どちらも山岳地帯に発達する地形だ。V字谷は黒部川が有名で、U字谷は槍沢、剱沢などが知られている。U字谷は、V字谷にくらべなだらかな斜面と平坦な谷底をもつのが特徴。

氷食作用によってできた槍沢のＵ字谷

風穴《ふうけつ》

風が通り抜ける洞窟のこと。富士山麓には多くの風穴が点在している。溶岩がガス体を含んで流れ、溶岩流の表面が冷却して凝結する際に、まだ高熱であった内部からガスや溶岩を噴出し、空洞が残されたものだ。また、溶岩流が木を包んで冷えた場合は、木肌などが溶岩に刻まれていることもある。富士山麓の風穴は年間平均気温が約三度で、古くから天然の冷蔵庫として活用されてきた。上高地から岳沢に続く登山道脇にも「風穴」があるが、これは大きな岩

富士山麓の風穴

塊が積み重なっているもの。冬の間はその隙間から冷気が地中深くまで入り込み、夏にその冷気を岩の隙間から徐々に吹き出している。

ブロッケン現象《ぶろっけんげんしょう》

太陽を背にして立ったとき、自分の影が前方の雲や霧に映り、その周囲に虹のような光の輪ができる。ドイツのブロッケン山頂でよく見られることから、「ブロッケン現象」と名付けられた自然現象だが、自分の影が巨大に映ることから「ブロッケンの妖怪」とも呼ばれている。

中央の影が写真を撮っている筆者

分水嶺《ぶんすいれい》

分水界になっている山稜、つまり異なる水系の境界線である。稜線のどちら側に雨が降るかで、流れ込む川が変わる。注ぐ海が変わってくることもある。太平洋側と日本海側に注ぐ川に分ける分水嶺を「中央分水嶺」という。尾瀬・至仏山の稜線は中央分水嶺だ。

尾瀬・至仏山の稜線は中央分水嶺だ。右（東）側に降った雨は阿賀野川として日本海に、左(西)側は利根川として太平洋に流れる

ポットホール

河床にできた壺状の穴。水流によって削り取られる作用の過程で、河床などの硬い岩盤の一部が削れて窪みとなったところに小石が入り込むと、渦を巻く水

滝壺にできたポットホール

とともに小石がぐるぐる回り、穴を円形に拡大していく。「かめ穴」ともいわれる。

巻き道
まきみち

主に沢登りで滝などの危険な場所を回避して迂回することを「巻く」という。巻くためにつけられた道が「巻き道」だ。巻き道が沢から大きく離れることを「高巻き」といい、その行為を「高巻く」という。

巻き道があることを示したケルン

有名な沢では登山道のような立派な巻き道がつけられている場所がある一方、獣道《けものみち》を巻き道と勘違いしないように注意しなければならない。

モルゲン漏斗

薄紅に染まった厳冬の槍ヶ岳

ドイツ語である(Morgenrot)。「Morgen＝朝」＋「Rot＝赤い」ということで、「朝焼け」の意味であるが、「朝日を浴びてオレンジや赤色に染まった山」の意味で使われることが多い。山が赤色に染まるのはアルペングリューエン(Alpenglühen)というが、朝日だけではなく夕日を受けて染まっている場合も意味する。英語ではアルペングロー(alpine glow)。ちなみにドイツ語の夕焼けは「アーベント漏斗」(Abendrot)。どちらにせよ、赤く染まった山に「朝焼けのモルゲン漏斗」という使い方をすると、用法的には「馬から落馬する」と同じ。

涸沢のモレーンの上に建てられている涸沢ヒュッテ

モレーン

氷河が谷を削りながら下方に移動する時に削られた岩石や土砂が堆積してできた地形。日本では槍ヶ岳の槍沢モレーン、涸沢のモレーン、南アルプス・仙丈ヶ岳の藪沢モレーンが有名。氷河が消え去ると中の窪地に水がたまって氷食湖ができることがある。氷食湖では北アルプス・天狗原の天狗池が知られている。北アルプス・涸沢ヒュッテは涸沢のモレーンの上に建てられている。日本のモレーンは、長い年月の間に形状が崩れているが、南極などにあるモレーンはきれいな三日月形をしている。

痩せ尾根《やせおね》

両側が急な斜面になっている尾根。場所により、「鎌尾根」「馬の背」「剣の刃渡り」「蟻の戸渡り」などと呼ばれる場合がある。フランス語でアレート、ドイツ語でグラート、英語でリッジという。北アルプス・奥穂高岳の馬の背、槍ヶ岳に通じる稜線、北鎌尾根、東鎌尾根、戸隠の蟻の戸渡りなど地名となっている。

痩せ尾根を歩く

雪形《ゆきがた》

山の雪がとけて岩肌などが見えてきた頃、岩肌と残雪の織りなす模様が人や動物などの形に見えること。かつて山麓の農家では雪形を見て、田植えなど農作業の開始時期の目安にしたといわれている。雪がとけた岩肌が馬に見える白馬岳の「代

「志」はかくも高いところにあった。北アルプス・岳沢

搔き馬」は、白馬岳の「シロウマ」「ハクバ」論争のひとつのネタになっているし、爺ヶ岳の「種まき爺さん」は山そのものの名となった。

南アルプスの農鳥岳も残雪が鳥の形に見えたことによる。雪形は雪のとけ具合や見る方向によって、いろいろな形に見える。周知の雪形ではなく、自分で雪形を探してみるのも面白い。

羊背岩 ようはいがん

立山の羊背岩

山岳を形成する岩盤が氷河の浸食によって氷河擦痕《さっこん》と呼ばれる線状の傷跡ができた岩のことだ。羊背岩の表面をよく見ると、何本もの平行に連なる引っ搔き傷のような模様が見られる。この擦痕の向きで氷河の進行方向が推定できる。羊背岩で大根をおろせば「鬼おろし」ができるのではないかと思わせるような擦痕だ。北アルプスの立山や黒部五郎岳、白馬大雪渓の葱平《ねぶかっぴら》などにある。

ルンゼ

ドイツ語である。岩壁が氷や水で浸食されて、縦にえぐられた溝のことで、落石や雪崩の巣ともなる。穂高の屏風岩、劒岳、谷川岳などのルンゼが有名。

いくつものルンゼがある穂高・屏風岩

ルンゼよりも小さいものを英語でガリーという。何を基準に呼び分けているかは不明だが、すでに「屏風第一ルンゼ」や「北岳バットレスAガリー」など固有名詞として定着していることが多い。

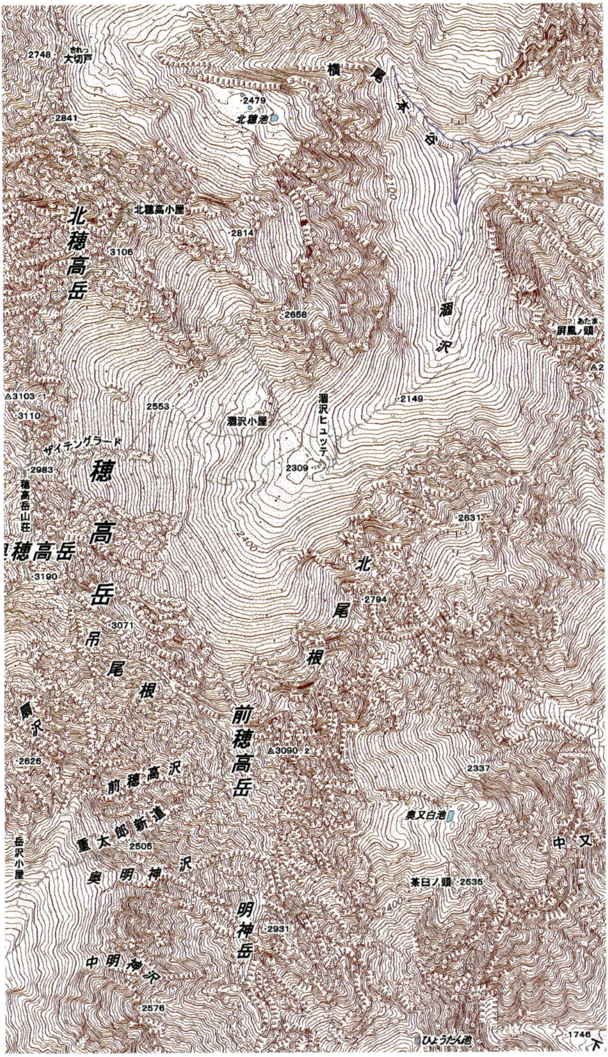

国土地理院の25,000分1の地形図「穂高岳」から。本書に登場する涸沢、ザイテングラート、涸沢ヒュッテ、穂高岳山荘などが見える。

峠と高原

「峠」と「高原」は一般の山岳用語辞典にあまり出ていない。専門用語ではないので解説不要と思われているのかもしれないが、その語義は意外と知られていない。

峠ということばは古く、語源は「手向《たむ》け」で、旅人が道中の安全を祈って祠《ほこら》や道祖神に手向けた場所といわれている。「峠」という漢字は日本でつくられた国字（和製漢字）。室町時代以降、「たむけ」が「たうげ」に転じ、さらにそれが「とうげ」と変化したらしい。同じような意味に「乗越《のっこし》」「越」などがあるが、峠が人の往来のある道に使われるのに対し、「乗越」「越」は道の有無は二の次で、「登れば反対側に行ける地形」という意味合いだ。

一方、「高原」は地形を表すことばとしては新しい。神話にも登場する「高天原」が転じたようにも思える「高原」だが、深田久弥『日本百名山』には、「高原という言葉は新村出博士の説によれば、明治以前の辞書には登録されていないそうである。タカハラと呼ぶ地名はあった。しかし今日私たちが言うところの高原は、多分西洋の地理学が入ってきて、プラトー又はテーブル・ランドの訳語として、登用されるようになったのだろうという。高原の語義もさることながら、高原の趣味もたしかに明治以後に起ったものである」と記されている。

『日本百名山』はさらに続く。「その後登山が盛んになるにつれて、高原を愛する人も多くなり、やがて山と高原と並び称されるようにさえなった。白樺という、それまでは雑木扱いされていた木が、ロマンティックな風景として役立ち、農耕牛馬の放し飼いの荒涼地が、牧場という新しい言葉で呼ばれ、遠くの山々がセガンティニの絵のように眺められるようになって、もはや高原逍遥《しょうよう》は登山の大きな分野を占めてしまった」。

しかし近年、とくにバブル期以降、テーブル・ランドではない「高原」が雨後の竹の子のごとく出現した。ゴルフ場に見られるように、山を切り崩して平らにした土地を「○○高原」と称しているものがあまりにも多いし、標高が高いからなのか「○○高原ホテル」と称するものは数知れない。それらの出現によって「高原」は深田久弥の時代より然《しか》く手擦れ、俗了してしまった感がある。

4

山のことば・山の道具

山の道具

◆アイゼンとピッケル

「アイゼン」は正式には「シュタイクアイゼン」というドイツ語である。雪や氷の上を歩くときに、滑り止めとして靴の底に装着する鋭い爪のついた用具。夏の山の雪渓などに使う軽アイゼン（簡易アイゼン）から本格的な雪山縦走・氷壁登攀《とうはん》用まで、さまざまなタイプがある。クランポンともいう。「ピッケル」はツルハシのような形の道具。アイゼンとピッケルを持っていると山男になった気分にさせる不思議な道具だ。

アイゼン（左）とウッドシャフトのピッケル（右）

本格的なアイゼンが必要な場所は、危険な場所ということである。近年の登山ブームで、アイゼンが必要という情報だけで、アイゼンを購入し、雪上訓練なしで入山する登山者がいるが、これは無謀というものだ。アイゼンが必要な場所に行くのであれば、歩行訓練やピッケルを使った滑落停止訓練など、基本的な雪上訓練を入山前にみっちり受けなければならない。

ピッケルは滑落停止、支点などに使用するものだが、実際は杖として使用される場面がほとんどだ。杖としてなら、ピッケルよりストックの方が便利だが、設営したテントを撤収する際に埋めたペグを掘り出したり、アイゼンに付着して団子状になった雪を落としたりといろいろな場面で使用できる。⇩雪上訓練

◆アルバイト

稼ぐのはおカネではなく、距離や高度である。急な登りを「アルバイトがきつい」といったり、「翌日十時間のアルバイトの後、午後四時赤石の頂上に立った」（『日本百名山』）などと使う。

最近はほとんど使われなくなった。

◆アルパインクラブ

英語で山岳会の意味。登山用語として「アルパインクラブ」というときは、イギリス山岳会（The Alpine Club）をさす。一八五七年、イギリスでThe Alpine Clubができる前は、世界に「Alpine Club」というものが存在しなかったのだ。それゆえ、その後にできたAlpine Clubは「The ××Alpine Club」という名称にならざるをえなかった。

日本アルプスを世界に紹介したイギリス人宣教師、ウォルター・ウェストンはアルパインクラブの会員だった（上高地）

◆アンザイレン

登山者同士がザイルで身体を結び合う登山方法を、ドイツ語で、「アンザイレン」という。ひとりが登降している時、もうひとりがその人が滑落などしても大丈夫なように確保すること。これを交互に繰り返して登ることを「スタカット」という。また、アンザイレンのまま同時に登降することを「コンティニュアス」という。

スタカットはおもに岩壁や氷壁で、コンティニュアスは主に雪の急斜面の登降、縦走で使用する方法だが、安全確保のためにはスタカットのほうが望ましい。アンザイレンということばの音感は、どこか信頼関係のある山や同士の絆を連想させるいいことばだと思う。⬇ザイル

荷物をおろさないで休むボッカさん（尾瀬）

◆一本立てる

山行中に小休止することを山の用語で「一本立てる」という。重い荷物はいったん肩からおろすと、また担いで立ち上がるのが大変だ。とき

に一〇〇キロを超えることもある荷を担ぐボッカさんが、荷物をおろさずに小休止するときに杖をつっかい棒代わりに荷の下にあてて、立ったまま休憩したことに由来しているといわれている。⬇ボッカ

◆**エスケープ**

山行中に悪天候時など不測の事態になった場合、安全な場所に下山すること。そのための道を「エスケープルート」という。北アルプス・水俣乗越と槍沢を結ぶルートは、表銀座ルートのエスケープルートとして知られている。沢登りで源頭・頂上まで行かずに近くの登山道に回避する場合などに使われることも多い。

◆**お花摘《つ》み**

しゃがんで花を摘んでいるように見えることから、女子が用を足す行為をいう。お花摘みが抵抗なくできるようになると、山ガールは初心者から中級者に進級できる。ちなみに男がする場合は「雉撃《きじう》ち」という。「鉄砲で雉を撃つときにしゃがむからだ」と、さも知ったかぶりでいわれるが、しゃがんでキジを撃つハンターはいないだろう。ウンチングスタイルで引き金を引くと反動でひっくり返る。

なお、「アルプス一万尺」の歌詞の中にも、「槍と穂高を　番兵において　お花畑で　花を摘む」「槍の頭で　小キジを撃てば　高瀬と梓と泣き別れ」とある。これはその意味。

◆**カラビナ**

ドイツ語で、クライミングなどに使用される登攀器具のひとつ。大きく分けて「ノーマル」と「安全環付き」の二タイプがある。安全環付きのカラビナは、ハーネス（クライミング用の安全ベルト）に取り付ける。カラビナのゲートが何らかのアクシデントがあっても簡単に開かないよう（はずれないよう）ネジ状になっている安全環を締めて使用する。最近はファッションとしてザックにぶら下げている人もいる。

本来のドイツ語はカラビナハーケン。この「ハ

カラビナ。左が安全環付き。クライマーは「環付き（カラビナ）」と呼ぶ

ーケン」は英語の「フック」で「鉤《かぎ》」を意味する。カラビナは英語で「カービン」になる。元はカービン銃を弾薬帯に固定するための金具だったようだ。

◆山座同定

地図とコンパスを使って、展望できる山の名前を調べること。コンパスと地図で現在地を知る方法の逆引きのようなものだ。ちなみに山は一座、二座、と数える。

◆スノーシュー、ワカン

深雪の上を歩くには「スノーシュー」や「ワカン」が必要になる。ワカンは輪樺《わかんじき》の略で、伝統的な雪国の必需品であったものを登山用に改良したもの。ワカンにくらべると、スノーシューの方が沈みが少ない。スノーシューには滑らないようアイゼンの爪がついていたり、かかとが上がるものなど、いろいろなタイプがある。ただ、スノーシューは急斜面には向いてない。スノーシューやワカンを装着しないで歩くことを「つぼ足」という。

スノーシューは雪山の定番アイテムになった

ワカンも健在だ

◆雪上訓練

冬山から生きて帰ってくるための訓練である。略して「雪訓《せっくん》」という。アイゼンなしでの斜面

急斜面での歩行訓練の様子

の歩きかた、アイゼンを装着しての歩きかた、滑落したときにピッケルを使って停止する滑落停止のやりかた、耐風姿勢のとりかた、雪洞の掘りかたなど雪山登山で必要な技術を訓練する。とくに初心者が雪山に入山する場合は何度も雪上訓練をする必要がある。理屈じゃなくカラダで覚えなければならないことなのだ。

◆ザイル

直径九ミリ以上の登攀用のロープのこと。一般的に「ザイル」には直径九ミリと直径一一ミリのものがある。UIAA（国際アルピニスト協会連合）の規格をクリアしたものをザイルというが、最近では、マスコミを含めザイルといわず、「ロープ」ということが多くなったように思う。ちなみに、八ミリ以下は補助的に使用するロープ。そのなかでとくに四〜六ミリのものをシュリンゲ（スリング）、テープ状になったもの（平紐）をテープシュリンゲという。

アンザイレン

◆沢登り

沢を遡行して山に登ること。ロッククライミング的な技術が必要な沢も多いことから、一般的な山登りとは区別されている。現在のような登山

シャワーを浴びるように滝を直登することをシャワー・クライミングという

道がない時代は、山に登るには沢伝いに登るしか方法がなかった。
　芥川龍之介の『河童』に、「穂高山へ登るには御承知の通り梓川を遡るほかありません」とある。実際には、芥川は梓川から槍ヶ岳に登った。

◆山行《さんこう》

「やまいき」とは読まない。「山行《さんこう》」は山岳会に入れば普通に使うことばだが、組織外の登山者には異様なことばに聞こえてしまう。要は山に行くことだ。山岳会に入ったばかりのとき、「山行」ということばを聞いて「変なことばだなあ」と思ったが、すぐに慣れる。というか、「さんこう」ということばに「オレは山ヤになったんだ」というちょっとエエカッコシイ自己陶酔に陥る。「今度の山行は○○山だ」とか、「定例山行」「山行計画」などと使う。同様に釣りに行くことを「釣行《ちょうこう》」という。槇有《まきゆう》恒《こう》の名著『山行』も「さんこう」。

槇有恒『山行』（中公文庫）

◆縦走

山頂から次の山頂へ、稜線沿いの登山道を歩くことをいう。日本の山は山脈として連なっていることが多く、富士山のような独立峰は少ない。北アルプスや南アルプスなどは縦走路が整

槍・穂を結ぶ縦走路

備されている。稜線上を歩くのは景色もよく、気持ちいい。ただ、奥穂高岳から槍ヶ岳へのルートは一般縦走路とはいっても、日本でもっとも危険な縦走ルートのひとつとして知られている。⬇キレット（P179）

自分の体力、技術と相談して縦走ルートを決めよう。これに対し、登山口から頂上を往復することを「ピストン」という。

シリセードで下山する。小枝などが落ちていると、防寒着に穴が開いてしまうことがあるので注意

◆シリセード

ピッケルでブレーキをかけながら中腰状態で雪の斜面を滑ることを「グリセード」(Glissade)というが、それをもじって、座って足を投げ出し、尻で滑ることをいう。どことなく外国語風に聞こえるが、つまりは「尻＋ssade」。グリセードでうまく滑るにはかなり練習しなければならないが、シリセードは訓練しなくてもできる。

◆徒渉《としょう》

川の対岸に歩いて渡ること。徒渡《かちわた》り。渡渉とも書く。「沢を徒渉する」「流れが強いので徒渉は困難」などと使う。川は渡るもので、越えるものではない。「川越《かわご》し」ということばもあるが、そもそも「川越し」は、「川を隔てること」「川を隔てた向こう側」の意。江戸時代の大井川などで行われていた「川越し」は、川を隔てた向こう側に人や荷物を運ぶことから、その行為を「川越し」というようになったのではないかと推測する。時代劇で川越《かわごえ》人足という表現があるが、これは「川越し人足」の誤用とも思われる。ちなみに、埼玉県川越市の「かわごえ」は、古くは「河肥」とされていたものが、「河越」から「川越」に転化したものだ。

◆ツェルト

ツェルトザックともいう。小型の簡易テントで、収納サイズは雨具程度。被るだけでも風雨、風雪が凌げ、暖かい。冬山でビバークしなければならないとき、ツェルトがあるかないかでは大きな違いがある。テントにくらべ耐風性などには劣るものの、軽量であるため、夏山ではテントの代わりに使用している人もいる。⬇ビバーク

◆登攀用具《とうはんようぐ》

危険なルートではヘルメットの着用が望ましい（大キレット）

ザイルやカラビナ、ヘルメット、ハーネス（安全ベルト）など、岩登りに必要な道具。「とはん」は間違った読み方だ。最近、穂高周辺では一般登山者にもヘルメットを着用するよう呼びかける動きがある。滑落した場合など、ヘルメットの有無で生死が分かれることもある。涸沢ヒュッテ、涸沢小屋などには、レンタルのヘルメットが用意されている。

◆トラバース

横切る、横断するという意味である。日本語では「へつり」といい、そうした行動を「へつる」という。ただ、日本語の「へつり」と英語の「トラバース」では、若干ニュアンスに違いがある。沢登りでゴルジュ帯（川に面した崖）を壁にはいつくばりながら移動する場合に「へつる」とはいうが、「トラバース」とはあまりいわない。反対に雪山の斜面を「トラバースする」とはいうが、「へつる」とはあまり聞かない。⬇へつり

◆ビバーク

ドイツ語である。日本語では「緊急野営」と

訳されることもある。一般ルートでも「まさか」の事態が起きないとはかぎらない。捻挫《ねんざ》や骨折で動けなくなった、体調が悪く目的地に着く前に夜になってしまった、などというトラブルはいつでも起こりうる。そのような場合に備えて、とくに高山では一夜だけでもビバークできる装備はほしいものだ。これは四、五人のグループで一揃いあればよいので、共同で分担することができる。

ちなみに、一九四九年一月に北アルプス・北鎌尾根で遭難した松濤明が死の直前まで書き続けた手記が『風雪のビバーク』というタイトルで出版された。⇒ツェルト

◆へつり

急斜面や岩壁を横ばいすることを「へつり」といい、そうした行動を「へつる」という。深田久弥の『日本百名山』に次のような記述がある。「尾瀬ヶ原の北に景鶴《けいづる》山がある。これなども平鶴山と書いた文献もあるそうだから、ヘエヅルから来たのに相違ない。ヘエヅルは匍いずるの訛《なま》ったもので、トラヴァースの意である」。⇒トラバース

「へつる」が訛ったといわれる尾瀬・景鶴山

◆ボッカ

漢字で書くと「歩荷」の字を当てる。背負子《しょいこ》に箱詰めした荷物を背負って山小屋に物資を届ける人、またその行為をいう。語源については歩荷《かちに》を音読みしたものではないかとする説が有力だが、後ろから見ると荷物が歩いているように見えるからだという説もある。現在は北アルプスなどではヘリコプターによる荷揚げが普通で、ボッカを見かけることはほとんどなくなったが、尾瀬や奥多摩、丹沢などではボッカで荷揚げしている山小屋が多い。荷物の重さは、数

十キロから時に百キロを超える。ボッカの多くは山小屋の従業員だが、現在でも尾瀬ではボッカを職業としている人たちがいる。

後ろから見ると、確かに荷物が歩いているようにも見える(尾瀬)

富士山では荷揚げを職業とする人をボッカとは呼ばず、「強力《ごうりき》さん」と呼んでいた。山頂にあった富士山測候所に駐在する職員の食料などを強力さんが背負って荷揚げしていたのだ。二〇〇四年に無人化になったため、厳密な意味で職業としての「強力さん」はいなくなった。最近、富士山では登山ガイドを「強力さん」と呼んでいるらしい。

◆保安林

登山道脇でよく見かけ、「何のことだろう?」と思う看板に「保安林」がある。雨が降ってないのに川に水が流れているのは森林が水を蓄えているからだ。森林がなければ、雨が降れば洪水になり、晴天が続けば川は干あがってしまう。こうした人間生活にとって重要な役割を果たす森林を森林法により「保安林」に指定し、伐採などに制限を加えているのだ。保安林には、水を蓄える目的の「水源涵養《かんよう》保安林」、土砂崩れを防止する「土砂崩壊防備保安林」など、目的によってさまざまな種類がある。面白いのが「魚つき保安林」という名称だ。森の腐葉土が海に流れ、プランクトンを育むなどの理由で、

登山道脇で見かけた保安林看板

森林に覆われた小島の森林は古くから「魚つき林」として保護されてきた。

◆山棲《やまず》み

民俗学的にはいろいろあるようだが、山の恵みで生活をする人という意味で使われる。かつて東北地方の山地には独特の宗教観をもち、その呪文は「一子相伝、他言無用」と言われてきたマタギや、ゼンマイ小屋と呼ばれる小屋を山中に建てて何日も泊まり込み、ゼンマイを採る人たちがいた。ゼンマイ採りは夫婦で山に入ることが多く、オヤジさんがゼンマイを採り、オカミさんがそれを茹で、干して揉む。山奥の源流部に小屋を建て、釣り竿一本でイワナを釣って生活していた人たちもいた。一般の釣り人と区別するため、そういう山棲みの釣り師を「職漁師」といった。現在、マタギや職漁師は絶え、山中に小屋がけしてゼンマイを採る人たちは日帰りになった。

ゼンマイ小屋の前で、干したゼンマイを揉む。（山形県）。林道終点から1時間ほど歩いた場所だ

余談だが、普通の鉄砲撃ち（ハンター）を東北地方の人だからという理由で「マタギ」といっている新聞、テレビ番組を現在でも見かける。嘆かわしいと思う。

◆山開き

富士山や立山、月山などの霊山で、その年初めて登山を許す日のこと。現在、山岳信仰としての意味合いは薄れ、スポーツとしての登山が中心になると、山登りや観光に適した時期になったというイベントとして行われることが多いが、富士山に代表される霊山では、古式に則って厳かに開山祭が行われる。一方、イベントの代表格が毎年四月二七日に行われる上高地の開山祭だ。山の安全を祈願する神事やアルプホルンの演奏などが行われるが、スイスの民族衣装をまとったアルプホルンの演奏の音色に妙な違和感を覚えるのは私だけではないはずだ。

富士山の山開き。天《あまの》手《た》力《ぢから》男命《おのみこと》が木づちで、しめ縄を断ち切るお道開き。富士吉田市／北口本宮冨士浅間神社

◆山ヤ

あえて漢字で書くと「山屋」となるが、「ヤ」は一般にカタカナで表記される。山に登る人のことだが、「山男」だと古めかしい感じがするし、「登山家」というにはおこがましく、「岳人」というとキザっぽく、海外遠征の経験がないので「アルピニスト」とはいい難く、「山登りが好きなんです」では初心者っぽい。「山登りをそれなりにやっていますよ」的な、控えめだけど自己顕示欲を隠せない登山者のこと。微妙なニュアンスのことばである。スキーをする人、つまりスキーヤーをもじった「ヤマヤー」から派生したという説もある。

沢登りを専門にする人を「沢ヤ」という。

◆ラクッ！

「落」の字を当てるかけ声だ。ロッククライミングや急斜面で石などを落としたとき、下にいる者に「落石に注意しろ」という意味で大声で発せられる。

だが、考えてみれば、「ラクッ！」といわれたとき、石が自分に向かっていたら、すでに石が当たっている可能性が高い。落下物を確認して

見るからに落石の危険が！

回避行動をとる時間などありはしないのだ。かといって、自分のせいで石が落ちたのに、何も声を掛けないというわけにもいかない。

かけ声といえば、山頂などで発する「ヤッホー」は意味不明なことばだ。「ヤッホー」の語源は、ヨーデルの「イヨッロレイヒー」という説や、遠くにいる人に呼び掛ける「ほーい、ほー」だという説がある。ただ、遠くにいる人を「おーい、おーい」と呼んではいけないというのが山の不文律らしい。救助を求めていると間違えられるというのが理由だ。とかくかけ声は難しい。

◆ラッセル

膝や足で雪をかき分け、踏み固めながら進むこと。除雪用の機関車の一種であるラッセル車にたとえたことばとする記述をよく見るが、フランス・モンブラン周辺で使われる「道」という意味の「la seulle」が語源という説が正しいように思われる。ラッセル車は、その開発者の名前、社名にちなんでいるからだ。

どちらにせよ、雪のなかに道をつくることに相違はない。このラッセル、膝あたりまでの積雪でも、たいへん体力を消耗する。

八ヶ岳でのラッセル

山の装備の選びかた

●登山靴

選ぶ際のポイントは、

①くるぶしの上までの深さがあること
②つま先で小さな足場に立てる程度に靴底が硬いこと
③深いブロックパターンの専用アウトソールを装備していること
④靴ひもが足首からつま先近くまであり、微妙な締め具合の調節ができること
⑤上質の皮革やゴアテックスに代表される防水と通気性の両方を兼ね備えた素材であること

などだ。

購入するときは、足のサイズを店で測定してもらい、その前後のサイズも含めて試し履きをして選ぼう。その時、専用の靴下（スペアも含めて）も一緒に購入して試し履きをする。何泊もする山行前に購入したのであれば、あらかじめ近郊の軽いハイキングなどで足になじませよう。

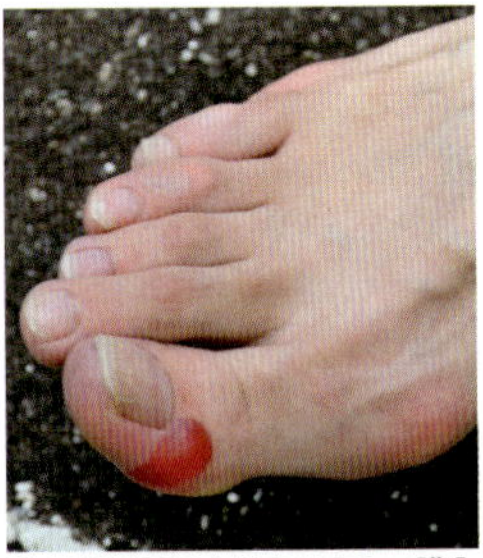

登山靴は足になじませよう。購入してすぐ長時間歩くと血豆ができることも

二〇〇〇年あたりから、登山中にソール（靴底）がパッカリとはがれてしまう事故が発生するようになり、その経験のある読者も多いはずだ。原因は、ミッドソールに使用している素材のポリウレタンが経年劣化するためだ。また、ソールを貼り付ける接着剤がポリウレタン系の場合も、同様に接着剤が劣化し、ソールがはがれてしまう。

これまで登山靴を購入するときとくに何も言

靴底がはがれた登山靴

われなかったが、最近では「風通しの良い場所で保管してください」と店員さんが言うようになった。これも劣化に関係するようだ。ネット情報などによると、登山靴の寿命は製造後五年程度らしい（昔は一〇年、二〇年履いている登山靴はざらにあった）。つまり使用頻度より使用年月が問題なのである。しばらく使っていない登山靴は、山行前に家の周辺を歩いてみるなどしてチェックすることも重要だ。

ちなみに、ベテランは「とざんぐつ」とはいわず「ざんぐつ」という。

●ザック

ザックの容量の単位はリットルで表す。日帰り山行であれば二〇リットル程度のデイパックで十分だが、夏山の小屋泊まりでも、それなりの容量のザックが必要になる。山小屋二、三泊の山行なら、約三五～四〇リットルほどのザックが使いやすいだろう。二、三泊程度のテント山行となると六〇リットル以上の容量が必要になる。

テント山行には60リットル以上のザックが必要

ザックは荷物の容量ギリギリのサイズより、二割ほど余裕があるほうがフィット感を得ることができて背負いやすいし、バランスもよいものだ。とくに岩場の通過が多い北アルプスではふくらみすぎてごろごろしたザックではバランスをとりにくい。併せて容量に合ったサイズのザック用レインカバーも用意したい。雨に濡れるとザックは重くなる。

●レインウェア

レインウェアは防寒着にもなる

ゴアテックスなどの透湿防水素材を使った、上下セパレート型のレインウェアが基本的な装備だ。いろいろなデザインや色があるので、軽くコンパクトになるものを選べばよい。雨の予報がなくてもレインウェアは防寒着にもなる。日帰り山行でも必携のアイテムだ。近年のデザインに秀れたウェアは上着として、山行中ずっと着用できる。多少高価に感じるが、それだけの快適性能は備えている。

山では歩行中に傘を使うことはあまりおすすめできない。もしもの時に両手が使えない上に、稜線では風によって雨が横や下から降りこむこともある。傘では雨が防げない。

ただキャンプ時には、一テントに一つ傘があると大変便利。

●下着

服装でもっとも大切なのは下着だ。基本的に、登山で綿の下着はＮＧ。綿は汗をかくと乾きが悪い上に肌に密着する。一方、化学繊維は軽く、暖かく、早く乾く。とくに冬山では、汗をかいて肌に密着した下着で稜線の寒風にさらされると、一気に体温を奪われ、体力を消耗する。とくにＴシャツは登山用の化学繊維の速乾素材のものを選ぼう。素材は肌触りが人によって好き嫌いがあるので、必ず見本などで生地を触ってから購入しよう。

●長袖シャツ

下着と同じような速乾素材の長袖シャツは、軽く蒸れにくいのでおすすめだ。襟があるものであれば、首筋の日焼け防止になる。下着と同じく、化学繊維の速乾素材のものを選ぼう。

●ズボン、パンツ

野外ではく代表的なズボンである綿のジーンズは、山では最悪のズボンだ。濡れると重いし乾きにくい。パンツ、ズボンも化学繊維のものがいい。好みにもよるが、伸縮性のある素材のものに人気がある。かつての登山ウェア、昭和の登山服の代名詞ニッカボッカーはウールだった。

●防寒着

薄手で軽いものがよい。気温の変化の激しい山では、朝夕はフリースを着ていても、日中はTシャツで歩くことはよくある。体温調節はこまめに服装を脱ぎ着すること。なお、厚手のもの一枚よりも、薄手の服を二枚重ね着したほうが、同じ重さの場合では、防寒効果は高い。良質なウールのセーターは軽くて暖かくていいのだが、山での手荒な扱いには弱いので、やはり化学繊維のフリースや薄手のダウンジャケットがよいだろう。北アルプスなど標高三〇〇〇メートルの稜線上では真夏でも気温が一桁になることもあるので、高山に登る場合は夏でも防寒着は必携だ。ただ、フリースの欠点は、ザックにしまうときにかさばること。その点、薄手のダウンジャケットはコンパクトに収納できる。ちなみに、冬山登山では、ここでいう防寒着は「中間着」という位置づけになる。

●着替え

着替えはザックに入れて自分が持つのだから、できるだけ軽いほうがいい。つまり「できるだけ着替えない」ということ。夏山では少々濡れたからといって着替えるものではない。夏山では「濡れた服は体温で乾かす」のが原則だ。だからといって下山して、着替えないで電車に乗るのは、他人に迷惑がかかる。下山直後に入浴し、その時に着替えるのがおすすめ。

●小型ガスストーブとコッフェル

初心者はつい「コンロ」といってしまうようだが、登山用語で「ストーブ」というと燃焼器

日帰り山行でも持って行きたい

具であるシングル・バーナーストーブをさす。このストーブにかけるのがコッフェルだ。クッカーともいわれる。大小の鍋やフライパンなどがワンセットになったもので、登山では廉価なアルミか、高価だが軽いチタン製のコッフェルが使われる。一般アウトドアショップでは、ステンレスのものもあるが、重いので登山には適さないので注意。

テント山行では必携の道具だが、山小屋泊や日帰り山行でも、昼食時にお湯を沸かすことができるし、なにより「もしも」の時に役立つ。

●カップ

小さなカップを持っていると、水筒が入らないような小さな水場でも水を確保することができる。軽くて丈夫であればなんでもよいのだが、重ねてコンパクトに収まり、食器にもなるシェラカップが便利だ。シェラカップはアメリカの自然保護団体であるシエラクラブ(Sierra Club)が最初につくって、会員用に配ったのが始まり。直接火にかけてお湯も沸かせるし、食器にもなる便利なアイテムだ。シエラクラブがつくったものだから、シエラカップと呼ぶべきで、表記もそうなっている例もあるが、一般的には「シェラカップ」で通っている。最近はチタン製の軽い物ができてますます持ち運びが便利になった。

SIERRA CLUBの刻印が入ったシェラカップもある

●行動食

行動中や小休止の時に、エネルギー補給のた

すぐに出して食べられる行動食

めにとる食料のこと。おやつのようなもので、弁当や調理が必要なものではない。歩きながらや立ったままでも食べられるように、すぐに取り出せるところに入れておく。すぐエネルギーとなる甘いものや、疲労回復によい酸っぱいものなどを選ぼう。行動食は非常食にもなるので、多めに持ち歩きたい。

●水筒

稜線では山小屋で購入する以外に水を得ることはできない地域もあるので、最低でも一リットルはほしい。沢筋でも上流に山小屋などがあるところでは、沢の水は生ではあまり飲まない方がいい。大腸菌に汚染されている可能性があるのだ。かつて、北アルプス・上高地を流れる梓川の水は大腸菌に汚染され、飲み水に適さなかった時があった。現在では、上流の山小屋のトイレが改善され、し尿をヘリコプターで下ろすようになって、きれいにはなったが、給水は湧き水の水場だけにしよう。

●ヘッドランプ

山では明かりが不可欠だが、万一夜歩くことになっても困らないように、また、両手が自由になるため懐中電灯よりヘッドランプがいい。

ヘッ電は日帰り山行でも必携だ

テント泊ではヘッドランプは当たり前だが、トイレに行くときに、明かりが必要になる山小屋もある。また、アクシデントにみまわれることもあるので、登山では日帰り山行でもレインウェアとヘッドラップは必携だ。スペアのバッテリーとともに常に持ち歩きたい。なお、ヘッドランプのことを「ヘッ電」というと、山のベテランっぽく聞こえる。

●地図・コンパス・高度計

〈地形図〉

地形図とは、国土地理院が発行する縮尺五万分の一、二万五〇〇〇分の一地図のこと。地図出版社の登山マップはコースタイムや山小屋の情報なども掲載されて便利。ただ、地図出版社のものはおおむね五万分の一図なので、沢登りなどでは二万五〇〇〇分の一地形図が必要だ。

〈コンパス〉

使いやすく、精度の高いコンパスの条件は、①針の動きをスムーズにするため、本体内にオイルが封入されている②三六〇度の目盛がついた回転式の方位リングがある③距離目盛付きのスケールがついている、といったもの。

〈地理学上の北極と磁石の北極〉

地形図の両端にある縦の線（経線）は北極点に収束している。これを「真北《しんぼく》」という。反面、コンパスの針は北極点をささず、磁石の北極、つまり「磁北点」をさす。地形図左下の「地形図の基準」に磁針方位が記してあり、たとえば「槍ヶ岳」は経線から西に約七度の偏差があることが判る。地形図を購入したら、まずはこの「磁北線」を適当な間隔で引いておき、コンパスのさす北に常に合わせるようにすると正確だ。

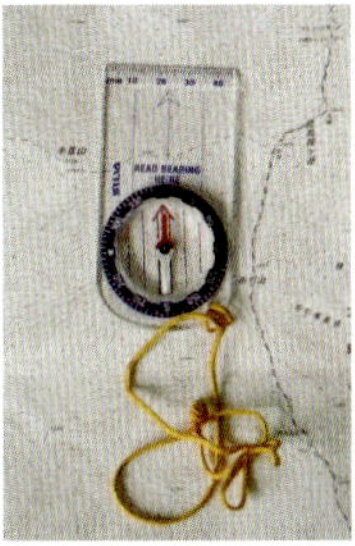
コンパス

〈高度計〉

高度計とは標高の変化にともなう気圧の変化を表示して現在位置をチェックしたりコースの分岐点などを確認できる便利な用具だ。地形図と併用して自分の位置が判るし、標高一〇〇メートルを登るのに何分かかるかといったペースの配分を知ることもできるので、コンパスより

高度計付きの腕時計

利用価値があるかもしれない。

ただ、GPS式の高度計以外では、天候の推移による気圧の変化で数値が変わってくるので、標高がわかる地点でこまめに修正する必要がある。高度計が内蔵された腕時計が便利だ。GPS内蔵のものもある。ちなみに二万五〇〇〇分の一地形図の等高線は一〇メートル間隔、五万分の一では二〇メートル間隔だ。

〈GPS〉

日本語に書き換えた地図をそなえたGPS

自分のいる位置を地図上に落としてくれる装置。これからの登山の必携アイテムになるだろうと思われるが、精度の高いGPSは高価だし、重いことも確か。

●ファーストエイドキット

携帯用の常備薬セットのこと。ケガや体調の不良などに応急的に対処するために常に携行したい。市販もされているが、自分でそろえるとよい。とくにテーピング用テープは医療だけでなく修理にも利用できる。

●その他

〈スタッフバック〉

ザックの中で、荷物を整理するナイロン製の袋がスタッフバック。防水袋でもある。ザックの中で着替えや持ち物を濡らさない工夫である。ビニール袋だけだと破れやすいので、着替えはまずビニール袋に入れて、さらにその袋をスタッフバックに入れるとよい。

なお、山に持ってゆくビニール袋はスーパーやコンビニの半透明の袋はやめよう。中身が外から見えない上、触るたびにガサガサと大きな音がするからだ。やわらかい透明なビニール袋なら音はあまりしない。山小屋泊で早立ちする人にガサガサやられると、まだ寝ている者はたまらない。

〈ホイッスル〉

単なる笛だが、緊急時には自分の存在を知らせるのに役立ってくれる。仮に疲労困憊《こんぱい》して大きな声を出すことができない時でも笛があれば小さな力で大きな音を出すことができるのだ。この差は大きい。ただし、意味もなく笛を吹くことはやめよう。

〈ナイフ〉

山では小さい折りたたみ式のナイフが便利。テント山行での料理、細引きの切断など欠かせないアイテムだ。

〈メモと筆記用具〉

自分の歩行ペースをメモして一般的なコースタイムとの差を確認したり、気づいたことを記したりするためにあると便利。筆記用具は、多少濡れても使えて、また冬でも凍ることがない濃いめの鉛筆がよい。

〈ストック〉

使用するかどうかは好みの問題だが、推進力の補助として、あるいは下りでの膝への負担軽減など、おおいに役に立つ。ただし岩場が多いところでは使い方に慣れが必要だし、くさり場やはしごでは、ザックに収納する必要がある。やや高価だが、スプリングなどで衝撃を吸収するタイプの方が使いやすい。両手で二本のストックを持つダブルストック、一本のシングルストックの登山者がいるが、自分の好みでＯＫ。

ちなみに、ストック（Stock）はドイツ語で、英語ではステッキ（stick）となる。元来はスキーの流れを組むもので、日本では山で使うタイプものをストック、普通の杖をステッキと呼んで区別している。

なお、ストックは予想以上に植物にダメージを与えるほか、他の登山者の邪魔になることもあることに留意すべきだ。

靴下の重要性

登山装備でウェアや登山靴については、いろいろ述べられるが、靴下については希有といっていいだろう。日帰り山行であれば気にすることはあまりないが、何日か縦走するのであれば靴下選びも重要なのだ。

何泊かで縦走した登山者なら登山靴のなかが蒸れた経験があるだろう。夏ならまだしも冬山だと一日歩けばそれなりに靴のなかが蒸れてくる。山小屋泊でも靴置き場まで暖房されてない場合がある。蒸れがひどいと翌朝、登山靴の内側は冷たく、蒸れ感は日に日に増してくる。これまでは、そうした蒸れ感はひとえに「登山靴」の問題であるとされてきた。ふた昔前の革製の登山靴は、中は蒸れるし、何日も雨に降られると、浸みてきた。早春の雪山では、とけた雪が浸み、翌日はそれが凍って、それは悲惨であった。

外から浸みてくるのは登山靴の問題だが、内部が蒸れるのは、じつは靴下にも関係がある。一般的な靴下はウールだ。履き心地、保温性はいいが、汗をかくと靴の内部が蒸れ、その水分を靴が吸って湿ってくる。その点を解消したのがネオプレーンの靴下だ。ネオプレーンはスキューバダイビングで使用するウエットスーツの素材で、断熱効果が高い。また柔らかく耐久性もある。素材が滑りやすいので、靴擦れもさほど気にならず、ウールの靴下とくらべると格段に靴の内側をドライに保つことができる。ネオプレーンの靴下は、湿気を通さないので、靴下内部、つまり足は濡れてくるが、テント内では靴下を裏返しにして履き、寝るときはウールの靴下に履き替え、ネオプレーン靴下をシュラフの中に突っ込んで寝ると、翌朝乾いた状態で履くことができる。デメリットはさほど感じられないというスグレモノだ。

渓流釣りや沢登りでは早くからネオプレーンの靴下が使用されてきたが、一般登山ではなぜかほとんど使用されていなかった。近年は登山靴の一部にゴアテックスなど透湿防水性生地が使用されるようになり、以前とくらべ格段に蒸れ感は解消した。それでも何日か冬山に入っていると、どうしても蒸れてくる。とくに冬山山行の場合、ネオプレーンの靴下はおすすめだ。

5

山の連絡帳

―― 安全な登山と楽しみかた ――

唐松岳頂上山荘

山の歩きかた

■早発ち早着きが原則

山の朝は早い。早暁に日の出や雲海を眺めるのが山の楽しみのひとつでもある。しかし、その見事な雲海も、気温の上昇とともに山腹をはいあがりガスとなって稜線を包みこんでしまうことがある。午後には雷雲が発生することもしばしばだ。

このような天候の推移を考えれば、一日の行動を早めにスタートさせ、次の宿泊地にできるだけ早く到着するのが賢明といえる。これを称して「三五の日立ち」という。とくにテント泊では朝の出発前は何かと準備がかかる。シュラフなどの片付け、朝食の用意。メシを食うと出るモノもある。そしてテントの撤収……。夏山では午後になると夕立・雷が発生するなど不安定な天候になることが多い。よって目的地には

ガレ場の上り下りはルートを見失わないように注意したい

早朝のキャンプ場。山の朝は早い

昼過ぎ、遅くとも二時くらいまでに到着するのが山歩きの原則だ。そのために、「朝三時に起きて五時に出発する」という意味で、「産後の肥立ち」をもじって「三五の日立ち」というようになったのだろう。おもしろいことに、四～五人のテント泊では起きて出発するまでの所要時間はほぼ二時間。三時に起きると出発はほぼ五時である。

あらかじめガイドマップなどに表示し

である参考コースタイムと自分のタイムの差をくらべ、自分がどれくらいのペースで歩けるのかを知っておくことも大切だ。ちなみに、参考コースタイムには休憩時間が含まれていないので注意しよう。

■バテにくい歩きかた

山歩きは、ある程度の荷物を背負って、アップダウンが続く不整地を長時間歩く運動だ。したがって「疲れない」ということはありえない。しかし、疲れにくい歩き方のコツはある。以下に、そのいくつかを挙げてみよう。

◉準備運動

体が万全でない間に歩きだす登り始めは、トラブルが起こりやすい。ストレッチなど、準備体操をしてから歩き始めるようにしよう。さらに、歩き始めの三〇分ほどは、意識してゆっくり歩くと、それも準備運動となる。

◉瞬発力ではなく持久力で歩く

山歩きは、陸上競技に例えると短距離走ではなくマラソンのような長距離走にあたる。とくに登りでは、歩幅の大きさで距離を稼ぐのではなく歩幅を小さくして、歩数で距離をのばしてゆくようにしたい。このほうが筋肉に乳酸などの疲労物質が溜まりにくいのだ。岩石がゴロゴロしている場所では、足もとをよく観察して小さな足場を丹念に見つけ、一気に脚を高く上げないように心がけよう。

◉歩行と呼吸のリズムを合わせる

ジョギングなどがそうであるように、歩調と呼吸のリズムを規則正しく合わせることを意識したい。こうすれば息が切れることなく楽に呼吸できる。また息を吐くことをとくに意識すれば、余分な空気が肺に残らないので、新鮮な空気を自然に吸うことができ、息が荒くなることが少ない。

◉水分と栄養を補給する

歩行中は大量の汗をかく。そればかりではなく吐く息（呼気）からも多くの水分が失われる。

ちなみに夏山で六～七時間歩くと二リットルほどの水分が身体から失われるという。水は体調を維持する大切なもの。失われた水分は、休憩時などを利用して、喉が渇ききる前に適宜補わなければならない。

また、筋肉を正常に働かせるためのエネルギー源である炭水化物や、汗などから失われるカリウム、カルシウムなどのミネラル分も補う必要がある。最近ではこれらの栄養分をまとめて補えるスポーツドリンクや食べ物もあり、行動中に摂取するのに適している。

◉下りはクッションを使って

山の事故の多くはじつは下山時に発生する。それだけ下りは難しいと考えたほうがよい。とくに転倒などの事故が多いのが、急なガレ場などの下り道だ。傾斜に身長が加わるので、足場が見えにくいということもあるが、下りは膝を痛めることが多い。大腿部《だいたい》の太い筋肉を使って、膝を伸ばしきることなく、スムーズに下りたい。段差が大きい場合は、まずしゃがむように重心を下ろし、それから足を下ろすようにすると、ショックが少なくなる。

その結果、慣れない人は筋肉痛になることがあるが、膝の関節を痛めるよりはずっといい。また、ストックを使うとショックを和らげてくれるし、ストックを前に突こうとすることで、腰が引けた悪い姿勢もある程度矯正される。なお、ストックを使うときは登山道周辺の植物などを傷つけないよう、心配りをしよう。

◉休憩のとりかた

はっきり言ってしまえば、休憩のとりかたにルールや基準はない。かといって気の向くままに頻繁に休んでいたのでは、目的地になかなか着かないばかりか歩く

休憩は落石などの恐れのない安全な場所を選ぼう

意欲も失せてしまう。通常は登りはじめて三〇分で暑ければシャツを一枚脱ぐなど体温調節のための休憩を入れる。その後は五〇分から一時間ほど歩いて、一〇分くらい休む、というのがスタンダードだろう。また、長い下りの後の登り、あるいはその逆など、コースの変換点で休むのもよい。休憩中は水や行動食を摂ったり、コースタイムなどをメモしたり、ザックや靴ひもの具合を直したりと、けっこう忙しい。

また、急なガレ場の途中や雪渓のど真ん中などは落石の恐れもあるので、できれば安全で通行の妨げにならない場所まで歩いてからのほうがよいだろう。とくに雨の日は雨具のフードなどで周囲の音が聞こえにくいので要注意だ。

■グループでの歩きかた

グループで歩く場合は、そのグループのなかで一番弱い人にペースを合わせて歩くことが基本だ。上りと下りで違う場合もあるので、よく気をつけること。一般にパーティを組んだ場合、先頭はサブリーダー、しんがりをリーダーが務める。サブリーダーが先頭に立つのは、歩きながらルートを探す必要があるためだ。そして、パーティでいちばん弱い人が二番手を歩く。先頭のサブリーダーは二番手のスピードを鑑みて、その人のスピードに合わせる。

■安全な岩場の歩きかた

北アルプスなどの高山のコースでは急な岩場を通過するポイントが何箇所かある。一般向けコースでも、くさりやはしごが取り付けられて

くさりやはしごが連続するルート。慎重に行動したい

高度感のある切り立った岩場では三点支持が基本だ（大キレット）

いる場所もある。経験の浅い人は傾斜感や高度感なども手伝って恐怖心を抱くかもしれない。そこで、このような場所を通過する際の注意点をいくつか挙げてみよう。また、事前に初歩的なロック・クライミング教室などを受講しておけば、より安全に行動できるので、ぜひおすすめしたい。

◉三点支持の基本を守る

コースの傾斜が急になってくると、やがて足だけで立っていることが難しくなる。こうなるとバランスを維持するために両手の助けが必要で、支点は両手足の四箇所になる。このような状況で移動するには、四つの支点のうちひとつだけを進め、あとの三点はホールドを確保しておく必要がある。これを「三点支持」といい、クライミングの基本となっている。コース中のくさり場などを通過するときは、この三点支持を意識して守り、落ち着いて行動することが大切だ。

◉身体を垂直に保つようにする

岩場の傾斜がさらに急になってくると、身体全体をその傾斜に合わせてしがみつくようにする人がいるが、こうすると荷重が真下ではなく、外方向に向かうので、靴が足場から外れやすくなり危険だ。むしろ身体を壁から離すようにして、常に垂直方向に荷重するように努めよう。

◉手足以外は使わない

登りで膝をついたり、逆に下りで岩に座りこんでしまうと（しゃがみこむだけならよい）、足場への荷重が分散され、かえって不安定になる。手と足の四点だけを使うようにしよう。とくに下りでは、自信がなければ外向きではなく登るときと同じように岩場に向いて下るとよい。

■くさりやはしごの使いかた

はしごは必ず踏桟を持って登ること。後ろの登山者は支柱を持っているが、これは危険

一般的なコースで、滑落や墜落の恐れがある急峻な岩場などには、補助手段としてくさりやはしごが取り付けられている。しかし、安心してすべてをくさりに頼るとかえって危険な場合もあるのだ。くさりは必要に応じて上手に使わなければならない。

◉ひとつの支点の間に複数の人が入らない

長いくさりは要所に支点を設け、くさりを固定してある。このような場合同じ支点の間に複数の人が入ると、一人がバランスを崩したとき、くさりが大きく揺れてほかの人にも悪影響を及ぼす恐れがあるので、支点の間はひとりずつ通過しよう。とくに岩壁を横断するようなコースでは注意が必要だ。

◉くさりの動く方向に注意

岩場を直登するようなくさり場ではくさりの下端を固定していないこともある。こんな場合、スリップなどしてバランスを崩すと大きく振られ、本来のコースから外れてしまうことがあるので、くさりに負荷がかかったとき、どの方向に振られるかを確認しておこう。

◉くさりは必要なときだけ使う

くさりに全体重をかけ、ゴボウを抜くように登るのは原則NG。あくまでもバランスの保持のために使うということを忘れてはならない。

もし、くさりの必要性を感じなければ使わなくてもよい。⬇ごぼう抜き（p183）

◉はしごの登・下降

はしごの登・下降はさして困難ではないが、いくつかの注意しなければならないことがある。まずは、はしごの横棒（踏桟《ふみざん》）を握ること。縦の棒（支柱）を握っていると、万一スリップしたとき親指が横棒にはじかれ、墜落する可能性がある。また、はしごが濡れているときは滑りやすいのでとくに注意したい。鉄のはしごが冷たいからといって、滑り止めのない軍手などの使用は避けよう。できれば素手がいちばんよい。

足は、横棒を足場にするとき岩などが張り出していてはしごの奥まで靴が入らないこともあるので、一歩一歩確認することが大切だ。

■自然観察のためのアイテム

大自然に囲まれる山。登山の最初の頃は、ただ登るのが楽しくて、またはつらくて、登るだけで精いっぱいだったかもしれない。しかし、今まで見過ごしてきた自然のなかに、じつはたくさんの発見がある。ただ登るだけで必死だった自分から脱却して、ちょっと自然観察をしてみよう。自然を知れば知るほど山歩きは楽しくなる。まず必要なのは好奇心と探究心。でも、さらにちょっとしたアイテムがあれば、より深くて楽しい経験が待っている。

◉図鑑

なにかを知る、という時にはまず名前を知ることから始まる。たとえば、初めての人に会ったときには名前を確認し、名前を覚えることから始めるはず。しかし、自然界の生き物は自分で名のってはくれない。そこで図鑑で調べることが必要になる。花や鳥や石の名前がわかるようになると、それだけで登山の世界が広がっていく。

自分で植物を調べ、名前を知るのは意義のあることだが、同行者に植物の名前を聞くのは考え物だ。人は名前を聞くと、その植物のことがわかったような気になってしまう。そして、覚えたつもりの名前も、数分たつとすぐに忘れてしまうのが常である。どんなところに棲息しているか、花びらは何枚あるか、どんな形の葉をしているかなど、自分で観察し、調べた植物の名前は簡単には忘れないものだ。

自宅で使うなら本格的な高山植物図鑑、野鳥図鑑も欲しいところだが、山に持って行くには本書が便利だ。

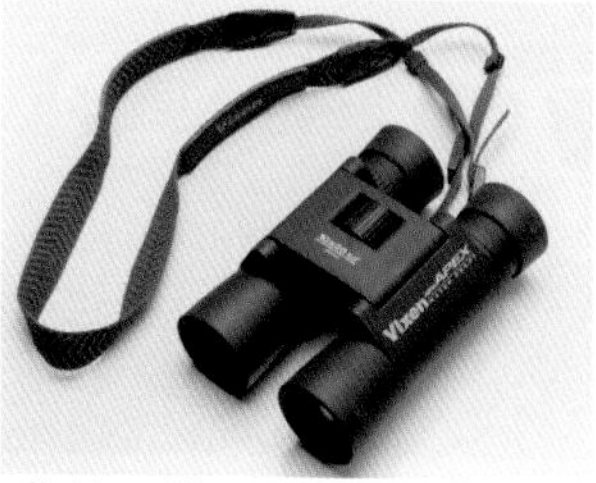

7倍くらいが使いやすい

◉双眼鏡

主に鳥を観察するときに使うのが双眼鏡。しかし、本格的にバードウォッチングするのでなければ、単眼鏡でもいい。小さく胸のポケットに入るぐらいのものだが、ちょっと鳥や小動物を見たり、ルートや、登山する人を見たりする用途には十分だ。

双眼鏡も単眼鏡も、性能のいいものほど重くなりがち。日本のカメラメーカーのものが軽くて高性能だ。性能が悪いと、クリアに見えないため、使っていると目が疲れる。倍率はコンパクトな単眼鏡なら五～六倍、双眼鏡なら七倍から八倍のものが適している。できるだけ画角の広い（見える範囲が大きい）ものがよい。

◉フィールドノート

時間がたつと人の記憶はあやふやになるもの。小さなノートに山で見た花や鳥を記録しておこう。もちろん登山記録としても貴重だ。

写真を撮った日付と時間、その特徴、見た環境を書いておけば、後でその植物（または鳥）の名前を調べることもたやすい。また、数年たって、同じ花を見ようとしたときに、いつどこでその花が咲くのかを調べるには、ノートに書かれた自分のデータが非常に参考となる。

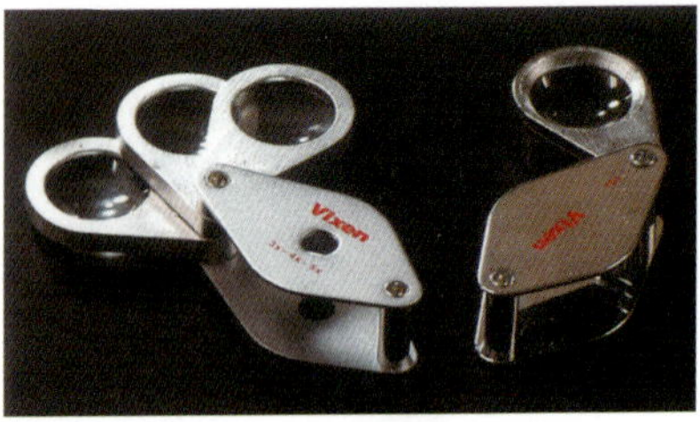

ルーペ

◉ルーペ（拡大鏡）
いわゆる虫眼鏡。高山植物などの植物は、小さな違い、たとえば花の横に毛が生えているなど、非常に小さな部分の違いで、種類を見分けることがある。その違いを見分けるときに必要なのがルーペだ。高山植物は低地の植物にくらべ小さなものが多いが、ルーペで見ると、なんとなく見逃してきたもののなかにも、今までとは違った美しい形や、新しい発見がある。

◉カメラ
フィルムの時代は、きれいな写真を撮るには一眼レフカメラとそれを扱いこなす技術が必要だった。しかし、コンパクトデジカメや携帯電話の普及にともない、カメラの使いかたを知らない人でもフィルム代を気にせず、簡単に写真が撮れるようになった。
　だが、写真を撮るだけでは、山から下りたときに、何を撮ったかがわからなくなりがち。写真を撮るときには、同時に、いつ、どこで撮ったかをノートにメモしよう。また、どのような条件で撮ったかもメモしておけば、撮影技術の向上にも役立つ。きれいだと思う写真を撮り、それをブログなどにアップしていると、もっときれいな写真が撮りたいと思うようになる。一眼レフカメラの購入は、それからでも遅くない。

登山計画書

山行前に提出しなければならないのが登山計画書である。「登山届け」「入山届け」「登山者カード」ともいわれる。登山者の多い山では登山口などに登山計画書を入れるポストが設置されている。登山口にポストがない場合でも、管轄の警察署や地元市町村役場などに郵送などで提出するようにと山岳雑誌などに書かれているほど、登山計画書の提出は登山者の常識である。

登山計画書には、パーティ全員の氏名、年齢、住所、電話番号、登山ルート、宿泊方法、予備の食料などを記入する。これを提出することでもしもの遭難時に捜索が容易となる。

これまで条例によって、計画書の提出義務があったのは谷川岳と剱岳で、「著しく危険があると認めたときは、期間・地区を指定して登山を禁止することができる」（谷川岳）「届出者に必要な勧告を行うことができる」（剱岳）旨の条文が明記されている。その他の地域では、計画書の提出はあくまで任意で、強制ではなかったが、最近の遭難事故の多発化に加え、2014年秋の御嶽山の噴火では多くの登山者が犠牲になった。御嶽山では多くの登山者が「登山計画書」を提出していなかったため、登山者の正確な人数や氏名の把握が難航。登山者の安否をめぐる情報が錯綜し、混乱を招いた。報道によると、2013年の全国の山岳遭難2172件のうち、登山届が出ていたのは371件と、2割に満たなかったという。

このため、岐阜県では山岳遭難防止条例を改正し、御嶽山と焼岳の登山者にも登山届の提出を義務付けた。長野県は火山に限らず県内の広範な山の登山者に計画書提出を義務付ける方向でいるという。こうした流れは全国に広がっていくだろう。最近では、ネットで提出できる「オンライン登山届」も登場している。

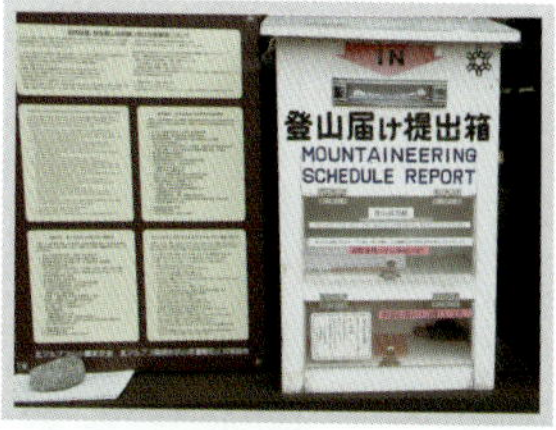

登山届けのポスト
（上高地）

山小屋の利用方法

■山小屋

登山者の多い山岳地帯には、要所に山小屋がある。身軽に山歩きを楽しもうとするなら、これらの山小屋を利用するのがもっとも便利な方法だ。

通常、シーズン中の山小屋は、人が常駐していて、宿泊を希望する人は定められた料金を支払って宿泊することができ、もちろん食事も供してくれるし、チェックイン時に頼んでおけば昼の弁当まで作ってくれる。つまり、システムに関しては旅館とさほどかわることはない。たいていの山小屋には自炊するところがあるので、素泊まりもＯＫだ。

一方で、山小屋は天候急変などの緊急時に、登山者の安全を守る避難施設としての役割も担っている。たとえば途中でバテてしまい、予定していなかった最寄りの小屋に泊めてもらうこともあるわけで、予約していなくても、「来る者拒まず」的要素があるということを知っておこう。もちろんそのために混雑することもあるが、同じ登山者同士、譲り合って滞在しなければならない。さらに周辺の登山道の整備や自然環境の維持管理、遭難者の救援活動なども重要な仕事として行っている。宿泊費にはそれらも含まれていることを理解したい。山小屋は、登山コース中にある宿泊、休憩、避難施設、環境維持施設なのだ。

北アルプス・涸沢に建つ涸沢ヒュッテ

■宿泊の予約

計画が決まったら、まずは山小屋に予約の電話をしよう。日程、パーティの人数、食事の有無などを知らせておく。かつて山に行っていた人には、山小屋に予約は不要と思っている人が多い。しかし小屋側にも準備の都合があるので、できれば予約しておきたい。尾瀬など完全予約制をとっている小屋もあるし、大人数での宿泊のみ予約制になっている小屋もある。

　また、もしなにかの都合で行けなくなったり、到着が遅れるときは、その旨も必ず連絡しておこう。山小屋のスタッフは常に登山者の事故を心配している、ということを忘れないようにしたい。多くのコースは、稜線上ならば、携帯電話がある程度使える。

尾瀬の山小屋は完全予約制になっている。（尾瀬ヶ原・見晴地区）

■山小屋を快適に利用するために

　梅雨明け直後から八月中旬、秋の紅葉、いわゆるハイシーズンの山小屋はかなり混雑する。とくに荒天時には出発を見合わせる人と避難してくる人で、宿がごったがえすことになる。そんなとき、お互いに快適な山小屋生活ができるように、ルールを守り、マナーをわきまえて滞在したい。

◉受付

　山小屋に到着したら、まずは受付だ。普通の旅館やホテルと同じだが、多くの場合、当日の出発地、翌日の目的地などを書く。もしものことを想定しているのだ。そこで、食事や弁当の有無を告げる。二食付きの場合、朝食時に弁当を受け取るが、早朝に出発する場合は、朝食も弁当にしてもらうこともできる。その場合は、夕食時に朝食分、昼食分の弁当を受け取ることになる。

　部屋は男女関係なく雑魚寝であったり、上下

槍ヶ岳山荘の弁当。ちらし寿司風でとてもおいしい

二段に分かれていたりと、山小屋によりまちまちだが、近年は「男女別相部屋」の小屋が多いようだ。北アルプスなどでは、男性用の部屋、女性用の部屋、男女混合グループの部屋と三タイプに分けられているところもある。規模の大きい山小屋によっては個室もある。もちろん、その分、料金は高くなるが、グループで気兼ねなく部屋を使うことができる。また、近年は浴室や清潔なバイオトイレなどの設備のある小屋も増えている。食事もおいしい所が多い。

◉装備の取り違えに注意

山小屋でももっとも多いトラブルは、装備の取り違えだろう。とくに、登山靴の履き間違いがいちばん多いという。また、雨の日などは乾燥室に火を入れてくれるが、そこに干してあるのはみんな似たような雨具なので、これも間違えやすい。靴やストック、雨具など、指定された置き場に保管する装備は、ひとまとめにして名札や自分なりの目印をつけよう。

◉食事

食事は食堂の席数と宿泊者数の具合で何回かに分かれることがある。順番はおおむねチェックインの受付順だ。従業員の指示に従って食堂に入ろう。また、ほとんどの山小屋は食材などをヘリコプターで荷揚げし、廃棄物もヘリで下ろしている。その手間と労力を考え、食事は残さず食べよう。食事の量が多く、食べきれないと思ったら、箸をつける前に近くにいる若い人に声をかけ、手伝ってもらうとよい。ゴミは減る、若者は満足するで、みんなが幸せになれる。かつて、山小屋の夕食はカレーライスが定番だった。何人が泊まるかわからない山小屋では、

ある日の穂高岳山荘の夕食。3000メートルの稜線の小屋とは思えない美味しい食事。写真提供：穂高岳山荘

作り置きができるカレーが便利だったのだ。だが、近年、山小屋の食事はおいしく、かつ豪華になった。食事に定評のある小屋や、食事を「売り」にしている小屋もあるので、あらかじめ調べておくとよい。朝食に焼きたてパンの出る山小屋もある半面、「腹を満たすだけ」ともとれる粗末な食事の山小屋がまだあるのも事実。どういうわけか二食付きの料金は山によってだいたい同じ場合が多いが、一万円近い料金を払ってお粗末な食事の山小屋もある。

◉ルールとマナー

山では水は貴重だ。とくに稜線上にある山小屋は水がとても貴重で、飲用以外の余分な水はないと考えておこう。したがって洗顔などはウェットティッシュなどを持参するのもいい。なお、石鹸やシャンプー、歯磨き粉の中には、自然環境に悪影響を与える恐れのある成分が含まれていることが多いので、基本的に使用禁止にされている。

北アルプスの山小屋などでは、トイレは使用済みのトイレットペーパーを分別するように決められている。これによって汚物の量を三割ほど減らすことができるという。ペーパーは備え付けの箱に処分するのを忘れないようにしたい。

一般的な山小屋には風呂はない。尾瀬、北アルプスなどで入浴できる山小屋もあるが、石鹸やシャンプーは禁止である。

主要な稜線で携帯電話が通じるようになって、ちょっと困ったことがあるという話を山小屋関係者から聞いたことがある。夕食の準備をしている時間帯に「今日宿泊の予約を入れている◯

北アルプス・横尾の公衆トイレ。山のトイレは整備され、きれいになっている

○です。近くまで来ているのですが、疲れてしまって歩けないので、荷物を持っていただけないでしょうか」なんていう電話がかかってくることがあるそうだ。それも一度や二度ではないらしい。遭難のおそれもある。ましてや自分の山小屋に予約をしている「お客さん」である。放置するわけにもいかず、忙しい時間帯であるのに「救助」に向かわざるを得ないのだ。自分の荷物も持てないようでは登山者ではない。

◉消灯時間以後は静かに就寝

山小屋はほとんどが自家発電なので、消灯時間が定められている。普通は午後九時くらいだが、廊下やトイレなどを除き、客室などの照明は消えてしまう。一切の照明がなくなる小屋もある。小屋に到着して受付、支払いを済ませたら消灯時間も確認しておこう。そして、それ以前にヘッドランプ、水筒など必要なものをスタッフバッグなどに入れてひとまとめにしておこう。消灯後にザックをかき回すのはマナー違反だ。

◉避難小屋

天候の急変など、緊急時に登山者が一時避難するために設置してある無人の山小屋である。場所によっては水場がなかったり、北アルプス・横尾の避難小屋のように、シーズン中は宿泊できない避難小屋もある。冬期に小屋の一部を避難小屋として有料で利用できる山小屋もある。

テントの利用方法

■テントの設営場所

山ではテントを張って良い場所といけない場所がある。国立公園などでは、かってにキャンプをしてはいけない決まりになっているし、それ以外でも基本的にできない。テントは指定された場所に設営しなければならないのだ。たいていの場合、山小屋で受け付けている。キャンプ場内でも自由に張っていいところと、張る場所を指定されることもある。

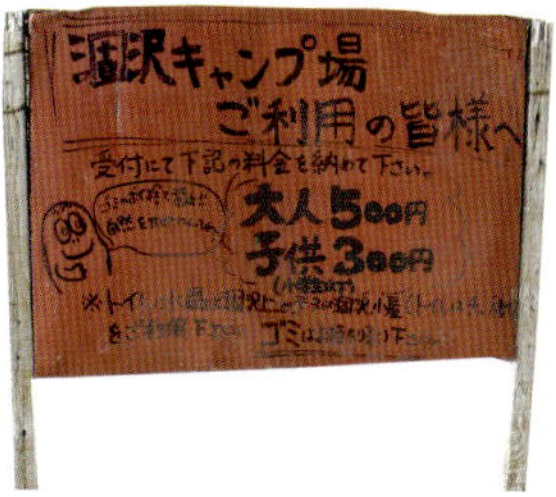

国立公園などではキャンプ地が指定されている

■テント泊のメリットとデメリット

テントの最大のメリットは安いということ。山小屋は素泊まりでも二食付き料金の半額以上かかる。テントは北アルプスで一晩ひとり五〇〇円程度。もうひとつのメリットはテントは自分たちの個室だという点だ。繁忙期の山小屋は一枚の布団に三人が寝るということもある。夜中トイレに行ってる間に寝る場所がなくなったなんてことはよく聞く話だ。テントは狭いながらも気心知れた仲間だけで泊まることができる。その分荷物が重くなり、設営や撤収に時間がかかる上、雨に降られるとかなりやっかいだ。しかし近年、驚

紅葉の時期の涸沢。多いときは1000張近いテントで埋まる

くほど軽く雨にも強い、しかも設営の簡単なテントが開発されている。
テント泊は食料も持参するのが普通だが、最近の山小屋では受付時に頼めば食事を提供するサービスもある。テント泊のメリット、デメリットを考え、自分の体力と相談だ。

■キャンプ場での注意事項

山小屋と違って、キャンプ場での消灯時間はある意味ない。だからといって夜遅くまで大声を出して騒いでいては他の登山者に迷惑だ。山小屋と同じく午後九時が目安だろう。テントの中は、密室状態で、自分の部屋にいるような感じになって、つい大声でしゃべりがちだが、外部との仕切りは布きれ一枚だ。小さな声でも外に漏れていることを自覚しよう。

●あると便利なアイテム

〈サンダル〉
山小屋泊ではほとんど必要ないが、テント山行ではキャンプ道具以外に必要なアイテムにサンダルが挙げられる。トイレなどに行くとき、一度脱いだ登山靴を履くのは面倒。そういうときに役立つのがサンダルだ。
でも、サンダルならどんなものでもいいわけではない。サンダルは、①爪先がカバーされている②軽い③かさばらない④靴下のまま履けるものが便利だ。とくに①が重要。ビーチサンダルなどでゴツゴツした石の多いところを歩くと、石に爪先をぶつけて痛い思いをすることになる。ヘタをすれば指先を怪我することも。幾度となく危険な箇所をかいくぐってきたにもかかわらず、安全なテント場で怪我をするということになりかねない。

〈折りたたみ傘〉
山行中に使用するのではない。キャンプ場で雨にあったとき、トイレなどでテントの外に出るときに使う。わざわざ雨具を着なくてすむ。これも軽いものを選ぼう。傘は個人装備で持つ必要はない。パーティに一本あれば十分だ。

山小屋の連絡先と夏季診療所情報〔診療所は夏季のみ開設〕

【尾瀬】

●尾瀬沼山荘　元湯山荘　東電小屋　至仏山荘　鳩待山荘

連絡先：＜尾瀬林業事業所山荘案内所＞ TEL　0278-58-7311

●長蔵小屋　　第二長蔵小屋

連絡先：予約センター TEL　0278-58-7100

●尾瀬沼ヒュッテ

連絡先：TEL　0241-75-2350

●弥四郎小屋

連絡先：予約センター　TEL　0467-24-8040

●燧小屋

連絡先：TEL　090-9749-1319

●檜枝岐小屋

連絡先：〈総合案内〉　TEL　0278-58-7050

●龍宮小屋

連絡先：TEL　0278-58-7301

●山の鼻小屋

連絡先：TEL　0278-58-7411

●温泉小屋

連絡先：TEL　090-8921-8329

●尾瀬小屋

連絡先：TEL　090-8921-8342

●原の小屋

連絡先：TEL　090-8921-8314

●冨士見小屋

連絡先：TEL　0278-58-7767

【北アルプス】

●内蔵助山荘

連絡先：TEL　090-5686-1250

●剱御前小舎

連絡先：TEL　090-7087-5128

●剱澤小屋

連絡先：TEL　080-1968-1620

●剣山荘

連絡先：TEL　090-8967-9116

●五色ヶ原山荘

連絡先：TEL　076-482-1940

●**薬師岳山荘**
連絡先：TEL　090-8263-2523

●**太郎平小屋**
連絡先：TEL　080-1951-3030
※日本医科大学太郎平小屋診療所

●**奥黒部ヒュッテ**
連絡先：TEL　立山室堂山荘　076-463-1228

●**白馬岳頂上宿舎**
連絡先：TEL　0261-75-3788（白馬村振興公社）
※昭和大学医学部白馬診療所

●**白馬山荘**
連絡先：TEL　0261-72-2002（白馬館）
※昭和大学医学部白馬診療所

●**白馬鑓温泉小屋**
連絡先：TEL　0261-72-2002（白馬館）

●**五竜山荘**
連絡先：TEL　0261-72-2002（㈱白馬館）

●**唐松岳頂上山荘**
連絡先：TEL　090-5204-7876

●**冷池山荘**
連絡先：TEL　0261-22-1263 当日のキャンセルと予約は 080-1379-4041

●**種池山荘**
連絡先：TEL　0261-22-1263（柏原宅）当日のキャンセルと予約は 080-1379-4042

●**三俣山荘**
連絡先：TEL　090-4672-8108
※岡山大学医学部、香川大学医学部　三俣診療所

●**双六小屋**
連絡先：現地 TEL　090-3480-0434　事務所：0577-34-6268
※診療所　富山大学医学部診療所

●**燕山荘**
連絡先：TEL　090-1420-0008
※診療施設　順天堂大学医学部夏山診療所

●**槍ヶ岳山荘**
連絡先：TEL　090-2641-1911（予約：松本事務所 0263-35-7200）
※診療施設　東京慈恵会医科大学山岳診療所

●常念小屋

連絡先：TEL　090-1430-3328　予約：松本事務所 0263-33-9458
※診療施設　信州大学医学部山岳部常念診療所

●穂高岳山荘

連絡先：TEL　090-7869-0045
※診療施設　岐阜大学医学部奥穂高診療所

●北穂高小屋

連絡先：TEL　090-1422-8886

●西穂山荘

連絡先：西穂山荘事務所　TEL　0263-36-7052
※西穂高診療所　東邦大学医学部

●涸沢ヒュッテ

連絡先：TEL　090-9002-2534
※涸沢診療所　東京大学医学部

●涸沢小屋

連絡先：TEL　090-2204-1300

【中央アルプス】

●駒ヶ岳頂上山荘

連絡先：TEL　090-5507-6345

●宝剣山荘

連絡先：TEL　090-5507-6345

●木曽殿山荘

連絡先：TEL　090-5638-8193

【南アルプス】

●北岳肩の小屋

連絡先：TEL　090-4606-0068

●北岳山荘

連絡先：TEL　090-4529-4947

●仙丈小屋

連絡先：TEL　090-1883-3033

●長衛小屋（旧北沢駒仙小屋）

連絡先：TEL　090-2227-0360

●こもれび山荘（旧長衛荘）

連絡先：TEL　080-8760-4367

【八ヶ岳】

●赤岳頂上山荘

連絡先：TEL　090-2214-7255

●赤岳展望荘
連絡先：TEL　0266-58-7220

●黒百合ヒュッテ
連絡先：TEL　0266-72-3613

●赤岳鉱泉
連絡先：TEL　090-4824-9986

●縞枯山荘
連絡先：TEL　090-2235-4499

●蓼科山頂ヒュッテ
連絡先：TEL　090-7258-1855

【関東周辺】

●雲取山荘
連絡先：TEL　0494-23-3338

●三条の湯
連絡先：TEL　連絡所　0428-88-0616

●蛭ヶ岳山荘
連絡先：TEL　090-2252-3203

●鍋割山荘
連絡先：TEL　0463-87-3298

●甲武信小屋
連絡先：TEL　090-3337-8947

●十文字小屋
連絡先：TEL　090-1031-5352

●金峰山小屋
連絡先：TEL　0267-99-2030

カ

ア

写真一覧 （ページ）

◎1登山道で出会う植物　2登山道で出会う生き物

・真木隆…5、11下、12下、13下、14下、15、16下、17下、18上、19、20上、21上、23下、24下、25、26下、28、30、32上、33、34下、35上、36、37下、38上、39下、40、42、43、44下、45、46下、47上、48下、49、50下、51上、52下、53下、54下、55上、56下、57下、58上、59上、60上、61上、62、63上、64下、65、66上、67上、68下、69、70、71、72上、73、74下、75下、76上、77上、78上、79下、80下、81上、82上、83、84、85、86、87上、88、89、90、91下、95上、92、93、94、95下、96下、97上、98、99下、100下、101、102、103、104上、106下、107、108、109、110、111、112上、113、114、115下、116、117、119上、120下、121、122、123、124、125下、126、127、130、132上、133下、134上、146上、150下、152上、153、154下、156、157、159、160下、161下、162上、168、169、170、171上、172

・大久保栄治…11上, 13上、14上、16上、17上、20下、22上、23上、24上、26上、27下、29、34上、35下、38下、46上、47下、48上、51下、52上、53上、56上、58、60下、63下、66下、67下、68上、74上、76下、81下、91上、97下、99上、100上、102上、105下、106上、112下、115上、118、119下、

・豊田和弘…120上、148下　・今崎智子…31下　・磯田進…37上　・野田秀人…41下

・山田猛…75上　・日置建吾 /OASIS…164上　・上記以外　PIXTA ／ photo libraly

◎3山の地形　4山のことば・山の道具　5山の連絡帳

・下記以外…豊田和弘

・今崎智子…180、181上、190中下、193下、196下、211、235上、240　・真木隆…220上　・PIXTA ／ photo libraly…173、205、229　・加藤満　山崎淳　まとりっくす

参考文献

成美堂出版刊『ポケット図鑑　山菜』

山と渓谷社刊『白馬自然観察ガイド』（中村 至伸著）

東海大学出版会刊『フィールド図鑑　低地の森林植物』（奥田 重俊解説・武田 良平写真）

東海大学出版会刊『フィールド図鑑　山地の森林植物』（奥田 重俊解説・武田 良平写真）

山と渓谷社刊『山渓カラー名鑑　日本の野草』（林 弥栄著・門田 裕一監修）

文一総合出版刊『日本の高山植物400』（新井 和也著）

山と渓谷社刊山渓カラー名鑑『日本の樹木』（林 弥栄編 , 解説）

東京書籍刊『森の動物図鑑』（本山 賢司著）

東京書籍刊『鳥類図鑑』（本山 賢司著）

日本野鳥の会刊『野鳥観察ハンディ図鑑　新・山野の鳥』（谷口 高司著）

日本野鳥の会刊『野鳥観察ハンディ図鑑　新・水辺の鳥』（谷口 高司著）

山と渓谷社刊『山渓カラー名鑑　日本の淡水魚』（川那部 浩哉著・水野 信彦編集）

小学館刊『日本の魚・淡水魚編』（田口 哲著）

成美堂出版刊『ポケット図鑑　川・湖・池の魚』（中村 泉監修・田口 哲解説 , 写真）

学研刊『あこがれの槍・穂高岳』

新潮文庫『日本百名山』（深田 久弥著）

山と渓谷社刊『林野庁フォレスターが選んだ森と樹木のフィールドガイド』（林野庁森歩き研究会著）

山と渓谷社刊『山歩きのための山名・用語事典』

森林・林業学習館（web）

樹木図鑑（web）

BIRD FAN（日本野鳥の会・web）

日本の鳥百科（サントリー・web）

ヘビ図鑑（web）

危険生物 MANIAX（web）

昆虫エクスプローラ（web）

WE Bさかな図鑑（web）

魚類図鑑（web）

Wikipedia / ことバンク

大久保栄治（おおくぼ・えいじ）
山梨学院短期大学保育科特任教授、日本植物分類学会員、山梨県植物研究会名誉会員、日本スゲの会評議員、山梨県レッドデータブック作成委員長、山梨県文化財保護審議会副委員長、山梨県環境審議会委員。著書・共著書に『富士山の植物図鑑』（東京書籍）、『まるごと観察　富士山』（誠文堂新光堂）、『定本富士川・笛吹川・釜無川』（郷土出版社）、『南アルプス白峰の自然』（南アルプス芦安山岳館）、ほかがある。

真木隆（まき・たかし）
渓流釣りを中心とした釣り場ガイド、登山ガイド、自然観察・田舎暮らし入門書などの取材・執筆、編集を行っているアウトドアライター。著書・編著書に『大人の男のこだわり野遊び術』（山と渓谷社）、『ハーブ・スパイスの辞典』『週末田舎暮らし術』『渓流釣り場完全攻略マニュアル』（以上成美堂出版）ほかがある。

豊田和弘（とよだ・かずひろ）
編集者。著書に『山のことば辞典』（河出書房新社）、『ひとりぼっちの叛乱』（山と溪谷社）、『自然を傷つけない山登り』（同）、『海の釣魚・仕掛け大事典』（成美堂出版）、ほかがある。自然保護に関する訴訟を支援するNGO「自然の権利基金」理事。

山《やま》歩《ある》きの手帳《てちょう》
2015年9月7日発行

監修者　大久保栄治
著者　真木隆・豊田和弘
発行者　川畑慈範
発行所　東京書籍株式会社
〒114-8524　東京都北区堀船2-17-1
電話 03-5390-7531（営業）
03-5390-7507（編集）

印刷・製本　図書印刷株式会社

ISBN978-4-487-80958-5 C0075

http://www.tokyo-shoseki.co.jp